Quand les machines apprennent

L'IA et la transformation de la société

Par

Lars Meyer

Quand les machines apprennent

L'IA et la transformation de la société

Table of Contents

Introduction

Alors que le monde pivote sur l'axe de la technologie, nous sommes à l'aube d'une nouvelle ère, marquée par les progrès rapides de l'*intelligence artificielle* (IA). L'intégration de l'IA dans diverses sphères de notre vie quotidienne n'est plus une perspective lointaine, mais une réalité en devenir. Ce livre vous propose une plongée dans les complexités et les merveilles de l'IA, en démêlant ses différentes couches pour révéler un avenir tissé de machines intelligentes. Notre voyage s'étendra des stades naissants de l'IA à son état actuel, et au-delà, aux possibilités fascinantes qu'elle offre pour notre avenir collectif.

L'avènement des technologies de l'IA a déclenché une renaissance de l'innovation, apportant une vague d'opportunités et de défis à la fois. Au cœur de cette renaissance se trouve la nécessité de comprendre l'IA non seulement comme un outil ou un système, mais aussi comme une force de transformation prête à redéfinir ce que signifie vivre, travailler et interagir dans une société moderne. Notre objectif est de fournir une compréhension globale de l'IA en mettant en lumière ses innovations technologiques, en approfondissant les questions éthiques qu'elle pose et en discutant de ses implications mondiales. Ce faisant, nous visons à préparer l'intégration et l'utilisation harmonieuses de l'IA dans divers domaines de la vie.

Le récit général de ce livre est émaillé de témoignages sur les prouesses de l'IA, de mises en garde et d'inspirations sur la résilience et l'innovation humaines. Nous abordons l'IA de plusieurs points de vue

- en disséquant ses complexités techniques tout en réfléchissant aux répercussions sociétales qu'elle engendre. Chaque chapitre de ce livre a été méticuleusement conçu pour approfondir les connaissances sur l'IA, sans les noyer dans un jargon ésotérique ou une surcharge technique.

Dans ces pages, nous abordons les concepts fondamentaux de l'IA, nous suivons son évolution à travers les annales de l'histoire et nous mettons en lumière la myriade d'applications qui illustrent son potentiel. Nous réfléchissons attentivement aux implications de l'IA pour la main-d'œuvre, y compris la perturbation et la création de marchés de l'emploi, ainsi que le remodelage des compétences professionnelles et des économies.

Le paysage éthique de l'IA exige de l'attention, et ce à juste titre. Nous nous intéresserons au cadre moral qui doit être érigé autour du déploiement de l'IA, en analysant l'impact des biais dans la prise de décision algorithmique et en soulignant l'importance de la transparence et de la responsabilité au sein des systèmes d'IA.

L'intégration sociétale de l'IA suscite une myriade de réactions, allant de l'acceptation à la résistance. Notre enquête s'efforce d'examiner les mécanismes qui peuvent faciliter les avantages inclusifs de l'IA et les efforts visant à combler toute fracture numérique existante.

Le caractère sacré de la protection des données et de la vie privée apparaît comme une préoccupation essentielle à l'ère de l'IA. L'innovation doit s'aligner sur la protection des droits à la vie privée, ce qui incite à réévaluer les modèles de gouvernance des données et le rôle de technologies telles que le cryptage et l'anonymisation dans le renforcement de la sécurité.

La collaboration entre les humains et l'IA ouvre la voie à l'augmentation des capacités humaines et incite à s'interroger plus avant sur la manière dont ces partenariats devraient être conçus sur le plan éthique pour le bénéfice de la société dans son ensemble. En outre, nous examinons les implications à long terme de cette symbiose.

En tant que catalyseur de l'innovation, l'IA a suscité une multitude d'études de cas prouvant sa profondeur et son agilité. Nous examinons comment les entreprises et les startups collaborent avec l'IA et comment les droits de propriété intellectuelle façonnent ce paysage. En outre, nous examinons l'IA d'un point de vue international, en discutant de la manière dont les politiques, les réglementations et les tendances mondiales sculptent le terrain du développement de l'IA.

À une échelle plus intime, l'IA affecte nos activités et nos choix quotidiens. Qu'il s'agisse de favoriser les expériences personnalisées ou de redéfinir les soins de santé, l'éducation et les transports, l'impact de l'IA sur la relation homme-machine évolue et nécessite une compréhension nuancée.

Il est essentiel de se préparer à un avenir imprégné d'IA. Cet ouvrage présente les réformes éducatives et les stratégies d'anticipation que les gouvernements et les individus pourraient mettre en œuvre pour garder une longueur d'avance.

Tandis que nous tirons des conclusions, nous récapitulons les principales percées technologiques, les changements sociétaux et les leçons tirées des expériences passées afin de mieux comprendre les circonstances actuelles. Enfin, nous nous tournons vers l'avenir, en spéculant sur l'impact et le rôle à long terme de l'IA dans notre monde, et en traçant une voie durable dans ce brave nouveau monde de machines intelligentes.

Chaque chapitre offrant une facette différente du cristal de l'IA, ce livre est un témoignage de la curiosité humaine et de notre quête incessante de connaissances. Que vous soyez un technologue chevronné, un décideur politique, un étudiant ou simplement un esprit curieux, ces pages vous offrent des idées et des motivations, vous préparant à affronter un monde où l'IA n'est pas une option, mais une réalité omniprésente.

À travers le recueil de nos conclusions et délibérations, il devient évident que nous ne sommes pas simplement des observateurs passifs de cette révolution de l'IA, mais des participants actifs qui en façonnent le cours. La sagesse collective, les considérations éthiques et l'esprit d'innovation de l'humanité sont les véritables arbitres de la manière dont l'IA façonnera notre avenir. Alors que nous levons le rideau sur le récit global de l'IA, embarquons dans cette odyssée intellectuelle avec un esprit ouvert, prêt au changement, et un esprit de découverte inflexible.

Il est évident que nous ne sommes pas simplement des observateurs passifs de cette révolution de l'IA, mais des participants actifs qui en façonnent le cours.

Chapitre 1 :
L'évolution de l'intelligence artificielle

Depuis les rouages des anciens automates jusqu'aux algorithmes sophistiqués qui façonnent notre monde aujourd'hui, le parcours de l'intelligence artificielle a été une tapisserie de l'ingéniosité humaine et de la poursuite incessante de l'avenir. L'évolution de l'IA n'est pas qu'une simple chronologie d'étapes technologiques ; c'est le reflet de nos rêves collectifs et des défis complexes que nous avons relevés. Alors que nous nous plongeons dans le domaine de l'apprentissage automatique, des réseaux neuronaux profonds et des applications de l'IA qui surpassent souvent les capacités humaines, il est essentiel de saisir les racines de ces innovations, d'apprécier le labeur et les triomphes qui nous ont conduits jusqu'ici. En explorant les premiers fondements théoriques posés par des scientifiques visionnaires et le crescendo ultérieur des avancées, nous ne rendons pas seulement hommage au passé, mais nous améliorons également notre compréhension du rôle transformateur de l'IA dans nos vies. Vous constaterez qu'à mesure que l'IA progresse, devenant une partie intrinsèque de tout, des soins de santé aux loisirs, elle nous invite à réimaginer notre relation avec la technologie—et avec les autres—dans un dialogue en constante évolution entre les créations qui nous émerveillent et les créateurs que nous sommes destinés à rester.

L'IA est une technologie de pointe, une technologie de pointe, une technologie de pointe.

Fondamentaux de l'IA

À mesure que nous avançons dans le domaine de l'intelligence artificielle, il est essentiel d'en comprendre les principes fondamentaux. L'intelligence artificielle, dans sa forme la plus élémentaire, est le développement de systèmes informatiques capables d'effectuer des tâches qui requièrent généralement l'intelligence humaine. Ces tâches comprennent la compréhension du langage naturel, la reconnaissance de modèles, la résolution de problèmes complexes et même des éléments de créativité.

Les fondements de l'IA couvrent plusieurs domaines, de l'informatique à la psychologie cognitive. Les systèmes que l'IA englobe cherchent à imiter ou à reproduire les fonctions cognitives humaines, en apprenant et en s'adaptant à partir des données qu'ils traitent. Ce qui rend l'IA extraordinaire, c'est sa capacité à ne pas se contenter d'exécuter des commandes ou des tâches prédéfinies, mais à tirer des enseignements de ses expériences antérieures et à améliorer ses actions ultérieures.

L'apprentissage machine, un sous-ensemble de l'IA, est l'endroit où une grande partie de la magie se produit. Il s'agit d'une méthode d'analyse des données qui automatise la construction de modèles analytiques. Grâce aux algorithmes, les ordinateurs peuvent apprendre à partir des données, identifier des modèles et prendre des décisions avec une intervention humaine minimale. L'apprentissage profond, une autre itération de l'apprentissage automatique, utilise des réseaux neuronaux à plusieurs couches (d'où le terme "profond") pour analyser des données de plus haut niveau. L'apprentissage en profondeur permet aux machines de résoudre des problèmes plus complexes et de reconnaître des modèles d'une manière qui rappelle les processus de pensée humains.

L'intégration de l'IA dans diverses applications repose sur ce puissant mélange d'apprentissage automatique et d'apprentissage en profondeur. Par exemple, dans les logiciels de reconnaissance d'images et de la parole, les systèmes d'IA analysent de grandes quantités de données pour apprendre à reconnaître des modèles et des nuances d'une manière très similaire à celle des humains.

Un autre aspect essentiel de l'IA est sa capacité à traiter et à analyser des données volumineuses à des vitesses et avec des précisions qui dépassent les capacités humaines. La vitesse de création des données dans le monde d'aujourd'hui est exponentielle, et c'est le don inhérent de l'IA de pouvoir naviguer dans ce labyrinthe d'informations, en extrayant des informations précieuses qui peuvent éclairer les décisions et les stratégies.

Pour permettre ces fonctionnalités complexes, les systèmes d'IA sont construits sur des modèles sophistiqués tels que les arbres de décision, les machines à vecteurs de support et les méthodes d'ensemble. Ces modèles fournissent les cadres permettant à l'IA de s'engager dans l'analyse prédictive, le traitement du langage naturel et une série d'autres tâches sophistiquées qui transforment la façon dont nous interagissons avec le monde.

Il existe deux types généraux d'IA reconnus dans le domaine : l'IA étroite ou faible et l'IA générale ou forte. L'IA étroite, qui prévaut aujourd'hui, excelle dans l'exécution de tâches spécifiques dans un contexte limité, surpassant souvent les humains en termes de précision et de rapidité. L'IA générale, en revanche, aurait la capacité de comprendre, d'apprendre et d'appliquer l'intelligence à un large éventail de tâches, à l'instar d'un être humain.

La supervision humaine reste un élément essentiel dans le paysage actuel de l'IA. Bien que les systèmes deviennent de plus en plus autonomes, la responsabilité morale et le pouvoir de décision final nous reviennent. Les algorithmes déterministes, ceux qui suivent un ensemble précis de règles, sont encore à la base de nombreux systèmes d'IA, ce qui garantit un certain degré de prévisibilité et de contrôle sur ces technologies en évolution rapide.

Avec toutes ces capacités, il est crucial de rester conscient du matériel qui soutient les vastes calculs de l'IA. Les progrès de la puissance de traitement et des capacités de stockage des données, illustrés par le développement des unités de traitement graphique (GPU) et des unités de traitement tensoriel (TPU), ont considérablement fait avancer le domaine. Ces avancées technologiques permettent d'effectuer les calculs complexes et de stocker les données nécessaires au bon fonctionnement des algorithmes d'IA.

Enfin, on ne saurait trop insister sur le caractère interdisciplinaire de l'IA. Une synergie d'expertise provenant de divers domaines – des neuroscientifiques qui étudient les mécanismes de l'intelligence naturelle aux éthiciens qui examinent les implications des décideurs non humains – est nécessaire pour le développement responsable et efficace de l'IA. Cette convergence est le moteur de l'innovation et garantit que les systèmes d'IA sont conçus avec une compréhension holistique de leur impact potentiel.

La compréhension de ces principes fondamentaux constitue un substrat crucial sur lequel peut s'appuyer une exploration plus poussée de l'application, de l'intégration et des implications de l'IA. Alors que l'IA continue d'évoluer et de s'intégrer dans la tapisserie de notre vie quotidienne, la compréhension de ses éléments fondamentaux sera essentielle pour libérer tout son potentiel et s'assurer qu'elle sert la société de la manière la plus bénéfique possible.

Il est de notre responsabilité, en tant qu'intendants de cette nouvelle ère, de veiller à maintenir une conscience aiguë des capacités et des limites de l'IA. En favorisant une compréhension intime des principes fondamentaux de l'IA, nous pouvons mieux naviguer dans les paysages éthiques, les défis sociétaux et les innovations technologiques qui nous attendent.

Dans les chapitres suivants, nous nous pencherons sur le développement historique de l'IA, son rôle en plein essor dans la main-d'œuvre, les considérations éthiques, les intégrations dans la société, et bien d'autres choses encore. Mais tout commence ici : avec une base solide dans les fondements de l'intelligence artificielle, nous sommes mieux préparés à apprécier la trame des opportunités et des défis qu'elle tisse.

L'intelligence artificielle, c'est aussi l'histoire d'un monde qui se construit.

Aperçu historique et développement

Le chemin de l'intelligence artificielle a été une myriade de jalons et de découvertes révolutionnaires, chacun posant un jalon vers les systèmes d'IA complexes et avancés que nous connaissons aujourd'hui. Comprendre l'évolution de l'intelligence artificielle revient à suivre les méandres d'un fleuve à travers le temps, qui s'est élargi et approfondi avec les avancées technologiques de chaque décennie.

La genèse de l'intelligence artificielle en tant que domaine formel remonte au milieu du XXe siècle, lorsque le terme lui-même a été inventé lors de la célèbre conférence de Dartmouth en 1956. Lors de cet événement fondateur, des scientifiques comme John McCarthy et Marvin Minsky se sont fixé l'objectif ambitieux de créer des machines capables de simuler tous les aspects de l'intelligence humaine. Un tel objectif semblait audacieusement futuriste à l'époque, mais il a continué à inspirer des générations de chercheurs.

Dans les premiers jours qui ont suivi la conférence de Dartmouth, il y a eu un élan d'optimisme. Les chercheurs ont fait des prédictions audacieuses sur des machines capables de traduire des langues, de résoudre des problèmes d'algèbre et de s'améliorer elles-mêmes. Dès les années 1960, des algorithmes tels que la méthode des moindres carrés moyens (développée par Widrow et Hoff) et le premier réseau de neurones, le Perceptron (inventé par Frank Rosenblatt), ont vu le jour, démontrant la capacité de l'intelligence artificielle à apprendre et à s'adapter.

Cependant, le chemin n'a pas été sans revers. Les années 1970 ont été marquées par une période connue sous le nom d'"hiver de l'IA", au cours de laquelle les prévisions trop optimistes des années 1960 ne se sont pas concrétisées et le financement de la recherche sur l'intelligence artificielle s'est tari. Pourtant, même dans ces moments plus froids, la flamme de l'intelligence artificielle ne s'est pas éteinte. Les chercheurs ont poursuivi leur quête avec diligence, mais avec des attentes plus réalistes. Des systèmes experts comme MYCIN, mis au point à Stanford, ont démontré que l'IA pouvait avoir un impact significatif, en particulier dans des domaines spécialisés tels que le diagnostic médical.

Les années 1980 ont vu une revitalisation du domaine, soutenue par l'avènement d'ordinateurs plus puissants et d'algorithmes sophistiqués. Le concept d'apprentissage automatique, qui permet aux ordinateurs d'améliorer leurs performances grâce à l'expérience, a commencé à réorienter l'IA des systèmes purement basés sur des règles vers des systèmes capables de s'adapter et d'apprendre. C'est au cours de cette décennie que l'IA a commencé à montrer son potentiel dans des secteurs tels que la finance, avec le trading algorithmique, et la fabrication, avec la robotique et l'automatisation.

Les scientifiques et les ingénieurs ont continué à innover, intégrant les réseaux neuronaux et l'apprentissage profond dans les années 1990 et 2000, ce qui a conduit à des améliorations significatives dans des tâches telles que la reconnaissance vocale et l'identification d'images. Le jeu d'échecs, qui a longtemps servi d'étalon de mesure des prouesses cognitives, a été modifié à jamais lorsque Deep Blue d'IBM est devenu le premier ordinateur à vaincre un champion du monde d'échecs en titre, Gary Kasparov, en 1997.

À l'aube du XXIe siècle, les données sont devenues l'élément vital de l'IA, l'ère du Big Data ouvrant la voie à de nouvelles opportunités. Le concept d'exploitation de grands ensembles de données pour former des algorithmes a renforcé les capacités de l'IA, en particulier avec l'introduction du General Adversarial Network (GAN) en 2014, qui pouvait produire des résultats très réalistes dérivés de données. L'avènement des assistants personnels intelligents, tels que Siri, introduit en 2011, et Alexa, introduit en 2014, a marqué une étape importante dans la transformation de l'IA en une commodité quotidienne. L'IA n'était plus une entreprise de recherche isolée, mais une partie très réelle et tangible de la vie humaine quotidienne. Les véhicules autonomes ont commencé à devenir une réalité pratique, et le rêve de voir l'IA augmenter les capacités humaines s'est concrétisé de multiples façons, des robots d'entrepôt aux fonctions de texte prédictif dans les smartphones

En parallèle, le paysage de l'éthique de l'IA a commencé à poser ses fondations. L'IA ayant un impact palpable sur les sociétés du monde entier, les sujets de la partialité, de la transparence et de l'impact de l'automatisation sur la main-d'œuvre sont passés au premier plan. Ce dialogue est devenu une partie essentielle du récit de l'IA, façonnant son développement vers un avenir qui donne la priorité à l'inclusion et à l'équité.

Aujourd'hui, le développement de l'IA se poursuit à un rythme effréné, avec des avancées dans les algorithmes d'apprentissage automatique, l'informatique quantique et le traitement du langage naturel, pour ne faire qu'effleurer la surface. Le domaine est à l'aube de nouveaux horizons, comme le rôle de l'IA dans la lutte contre le changement climatique ou dans la conduite de recherches scientifiques complexes à des vitesses inimaginables pour l'esprit humain. Les flambeaux de l'innovation sont portés par des entreprises comme Google, avec sa percée AlphaGo, et OpenAI, avec ses modèles polyvalents GPT, parmi d'innombrables autres.

Alors que nous reconstituons cette tapisserie historique, il est clair que le développement de l'intelligence artificielle porte la marque de l'aspiration et de l'ingéniosité de l'homme. Chaque chapitre de son histoire est à la fois un témoignage des ambitions passées et un prologue des réalisations futures. Les fils des réflexions philosophiques, des percées mathématiques, des avancées technologiques et des considérations éthiques sont étroitement tissés dans le parcours de l'IA.

Avec ce contexte historique, nous sommes mieux placés pour apprécier l'état actuel de l'intelligence artificielle et la myriade d'applications qu'elle a trouvées dans la société moderne. Il est essentiel de reconnaître que les progrès de l'IA ne sont pas seulement une chronique des exploits technologiques, mais aussi une toile reflétant nos valeurs et nos choix de société collectifs.

Le développement de l'IA se présente comme un phare du progrès humain, un domaine qui brouille continuellement les lignes entre ce qui est possible et ce qui réside dans les couloirs de notre imagination. Il est de notre devoir et de notre privilège de parcourir ce chemin de manière responsable, en saisissant les opportunités que nos ancêtres ont envisagées tout en traçant des voies qui honorent notre avenir commun.

Alors que nous approfondissons l'interaction complexe entre l'homme et la technologie, retenons les leçons de l'histoire de l'IA dans notre quête pour développer une technologie qui élève l'humanité. Tout comme chaque étape de l'IA a été marquée par la créativité et la collaboration, il en sera de même pour notre approche de la compréhension et de l'influence de l'évolution continue de ce domaine transformateur.

État actuel et applications exemplaires

L'état actuel de l'intelligence artificielle représente l'aboutissement d'avancées liées à des décennies de recherche, de développement et de mise en œuvre. La situation actuelle se caractérise par des capacités remarquables intégrées dans le tissu de la vie quotidienne, tout en repoussant les limites de ce qu'il est possible de réaliser grâce à la technologie. À cette époque, les systèmes d'IA ne sont plus de simples nouveautés ; ils sont devenus des outils puissants qui augmentent les capacités humaines et catalysent l'innovation dans une myriade de domaines.

L'une des applications les plus transformatrices de l'IA est observée dans les soins de santé. Des algorithmes avancés aident à diagnostiquer des maladies avec une précision qui rivalise avec celle de professionnels chevronnés. En particulier, l'aptitude de l'IA à passer au crible de vastes ensembles de données facilite la détection précoce de maladies telles que le cancer, bien avant que les méthodes traditionnelles ne permettent d'établir un diagnostic. Cette capacité ne relève pas seulement de la science-fiction—elle permet actuellement de sauver des vies et d'améliorer l'efficacité et la personnalisation des soins aux patients.

Le rôle de l'IA dans l'industrie automobile est tout aussi transformateur. Les voitures auto-conduites deviennent de plus en plus une réalité, annoncée par l'intégration progressive de fonctions d'IA dans les véhicules commerciaux. Ces systèmes intelligents traitent les données des capteurs en temps réel pour naviguer dans le trafic, détecter les obstacles et réduire les accidents—une promesse d'un avenir où la sécurité routière est considérablement améliorée.

Dans le domaine du service à la clientèle, les chatbots et les assistants virtuels sont devenus la norme. Non seulement ils répondent aux demandes avec une compréhension comparable à celle des humains, mais ils apprennent aussi des interactions pour affiner continuellement leurs réponses et leurs services. Les entreprises exploitent ces solutions d'IA pour améliorer la satisfaction des clients et rationaliser les opérations. Les services financiers ont également été révolutionnés par les prouesses analytiques de l'IA, avec des algorithmes capables de détecter des schémas indicatifs de fraude. Les institutions bancaires utilisent désormais ces systèmes pour sécuriser les transactions et protéger les clients contre les cybermenaces sophistiquées. Les sociétés d'investissement utilisent l'IA pour analyser les tendances du marché et générer des prédictions avec une précision stupéfiante, façonnant les stratégies financières d'une manière inaccessible il y a quelques années.

Dans l'éducation, les systèmes d'apprentissage adaptatif de l'IA offrent des expériences d'apprentissage personnalisées, répondant aux besoins spécifiques et aux styles d'apprentissage de chaque élève. Ces plateformes peuvent ajuster les niveaux de difficulté, proposer des ressources sur mesure et fournir un retour d'information instantané— une étape déterminante dans l'évolution de l'éducation qui fait écho à une approche centrée sur l'étudiant.

L'influence de l'IA s'étend au secteur de l'énergie, en optimisant les opérations du réseau grâce à la maintenance prédictive et à la prévision de la demande. En tirant parti de l'apprentissage automatique, les fournisseurs d'énergie peuvent anticiper les pics de consommation et redistribuer les ressources en conséquence, réduisant ainsi le gaspillage et améliorant l'efficacité de la distribution d'électricité.

Les plateformes de commerce électronique utilisent l'IA pour créer une expérience d'achat plus curative. Les systèmes de recommandation analysent les achats précédents, les historiques de recherche et les évaluations des utilisateurs pour suggérer des produits que les clients sont plus susceptibles d'acheter. Cela permet non seulement aux entreprises d'augmenter leurs ventes, mais aussi d'enrichir considérablement l'expérience client.

Quand les machines apprennent

Le domaine du divertissement a connu une poussée de la personnalisation pilotée par l'IA. Les services de streaming utilisent des algorithmes de recommandation sophistiqués pour suggérer de la musique, des films et des émissions de télévision adaptés aux goûts individuels de leurs abonnés, remodelant ainsi efficacement la façon dont le contenu est distribué et consommé.

Les maisons intelligentes et les dispositifs IoT, alimentés par l'IA, offrent une commodité et une sécurité accrue en apprenant et en s'adaptant aux préférences et aux routines des résidents. Des thermostats intelligents aux appareils à commande vocale, ces applications d'IA favorisent l'efficacité énergétique et offrent un aperçu du potentiel d'un environnement domestique entièrement interconnecté.

Dans l'agriculture, l'IA facilite l'agriculture de précision, qui augmente le rendement tout en minimisant l'impact sur l'environnement. Les drones équipés de l'IA peuvent évaluer la santé des cultures, surveiller l'état des sols et administrer des traitements, garantissant ainsi l'utilisation des ressources avec une précision chirurgicale.

L'analyse documentaire et le traitement du langage naturel ont atteint une efficacité sans précédent grâce à l'IA, qui permet de trier, de catégoriser et d'extraire des informations précieuses à partir de piles de données non structurées. Cette application est cruciale pour les secteurs juridique et administratif, où la manipulation de documents est omniprésente et souvent fastidieuse.

Même dans les domaines créatifs, l'IA a un impact. L'IA générative peut produire de l'art, de la musique et de la littérature qui résonnent avec les expériences humaines, suscitant des discussions sur la nature de la créativité et le rôle des machines dans l'expression artistique.

La robotique, elle aussi, a été irrévocablement modifiée par l'IA. Grâce à des capacités de perception et de prise de décision accrues, les robots exécutent des tâches allant du simple travail à la chaîne à des procédures chirurgicales complexes. Cette union de la robotique et de l'IA ne se retrouve pas seulement dans les environnements industriels ; elle fait désormais partie de la vie de tous les jours.

Les exemples susmentionnés ne font qu'effleurer la surface des applications actuelles de l'IA. Avec une présence omniprésente dans presque toutes les industries, le statut actuel de l'IA est non seulement dynamique, mais aussi essentiel. Les entreprises et les institutions considèrent désormais l'IA non pas comme un luxe, mais comme un élément clé pour rester compétitif et pertinent dans un monde de plus en plus numérisé.

Pour beaucoup, la croissance rapide et l'intégration de l'IA dans notre société suscitent l'émerveillement et inspirent l'innovation. La trajectoire actuelle de l'IA laisse entrevoir un avenir riche en opportunités et en défis—une dynamique qui exige une préparation réfléchie et une gestion responsable. Au fur et à mesure que de nouvelles applications apparaissent et que les applications existantes arrivent à maturité, notre voyage collectif avec l'IA se poursuit d'une manière qui promet de redéfinir l'expérience humaine.

Chapitre 2 :
L'IA et son impact sur la main-d'œuvre

Pour la suite, il est essentiel de comprendre comment l'ascension sans précédent de la technologie de l'IA est sur le point de remodeler le paysage du travail—une transformation qui promet à la fois des bouleversements et des opportunités. L'intégration d'algorithmes toujours plus intelligents dans le tissu de nos journées de travail ne se contente pas de tracer une nouvelle voie pour l'emploi, mais engendre un profond changement dans la nature même du travail. L'impact de l'IA annonce une renaissance de la productivité et de l'innovation, mais suscite en même temps une inquiétude légitime quant au déplacement des emplois. La main-d'œuvre est à la croisée des chemins, où les tâches routinières et automatisables pourraient diminuer, laissant la place à l'ingéniosité et aux activités hautement qualifiées. Toutefois, il ne s'agit pas d'un jeu à somme nulle. L'omniprésence de l'IA incitera probablement les industries à adopter l'apprentissage et l'adaptation continus, favorisant ainsi la création de nouveaux rôles professionnels et la requalification de la main-d'œuvre. En naviguant dans ce changement sismique, nous devons reconnaître que l'émergence de l'IA n'est pas le signe avant-coureur de l'obsolescence du talent humain, mais plutôt un appel à harmoniser nos capacités avec la marche inexorable de la technologie—un appel qui exige à la fois une vision et une action pour garantir aux générations futures une place aux côtés de leurs homologues numériques.

Lars Meyer

Il n'y a pas d'autre solution que de s'adapter à l'évolution de l'IA.

Tendances émergentes en matière d'emploi

À mesure que le paysage de l'intelligence artificielle évolue, il remodèle la façon dont nous concevons le travail et l'emploi. Les pionniers de l'IA tracent de nouvelles frontières qui promettent d'améliorer la productivité et de catalyser la croissance dans divers secteurs. Cependant, l'innovation s'accompagne de transformations, et la main-d'œuvre d'aujourd'hui est confrontée à un paradigme changeant qui nécessite un examen plus approfondi.

L'infusion de l'IA dans le marché du travail n'est pas un scénario futur lointain, mais une réalité actuelle, annonçant à la fois des défis et des opportunités. Les algorithmes de pointe et les technologies d'automatisation accomplissent de plus en plus de tâches qui relevaient autrefois du domaine humain. Cette tendance entraîne un phénomène à multiples facettes qui comprend le déplacement d'emplois dans certains secteurs, ainsi que la création de nouveaux rôles qui exigent des ensembles de compétences distincts.

L'une des tendances les plus notables en matière d'emploi est l'essor de l'économie des petits boulots, facilitée par les plateformes alimentées par l'IA. Ces places de marché numériques offrent une flexibilité inégalée et ont démocratisé la capacité à gagner de l'argent, l'IA rationalisant l'adéquation entre les contrats et les travailleurs. Cette transformation soulève toutefois des questions sur la sécurité de l'emploi et les avantages traditionnellement fournis par un emploi stable.

On observe également une évolution progressive vers le travail à distance. L'IA et les technologies connexes permettent de disposer d'une main-d'œuvre plus distribuée, libérée des contraintes géographiques. Si le télétravail n'est pas nouveau, l'IA renforce cette capacité en automatisant de nombreuses tâches collaboratives, rendant les équipes virtuelles plus efficaces que jamais.

La main-d'œuvre assiste à l'émergence de rôles axés sur la supervision et l'amélioration des systèmes d'IA. Ces "formateurs en IA" sont des professionnels qui enseignent aux applications d'IA comment mieux remplir leurs fonctions. Ils conservent les données, affinent les algorithmes et veillent à ce que les systèmes d'IA fonctionnent dans le respect des règles éthiques.

En outre, l'IA accélère le besoin d'apprentissage continu et d'acquisition de compétences. À mesure que les algorithmes d'apprentissage automatique sont appliqués à des tâches plus complexes, les travailleurs humains doivent s'adapter en maîtrisant de nouvelles technologies et méthodologies. L'apprentissage tout au long de la vie est en train de passer du statut de mot à la mode à celui de composante essentielle d'une carrière durable.

Un courant sous-jacent de la tendance contemporaine en matière d'emploi est la nécessité de disposer de solides connaissances interdisciplinaires. Les carrières évoluent et exigent un mélange de compétences couvrant la technologie, les arts et les affaires. Les travailleurs doivent être agiles et capables de comprendre à la fois le potentiel et les limites de l'IA dans leur domaine.

Une autre tendance à observer est l'augmentation de la demande de scientifiques et d'ingénieurs spécialisés dans les données. Les entreprises sont avides de professionnels capables d'interpréter les vastes mers de données générées par l'IA et d'en extraire des informations exploitables. Ces rôles sont devenus fondamentaux pour les processus de prise de décision dans les organisations qui s'efforcent de rester compétitives dans un monde centré sur l'IA.

L'IA favorise également l'entrepreneuriat en abaissant les barrières à l'entrée. Les startups peuvent désormais tirer parti de solutions d'IA évolutives sans avoir besoin de ressources importantes. Cette démocratisation permet une poussée de l'innovation, donnant naissance à de nouveaux services et produits qui semblaient autrefois irréalisables.

Dans le domaine de la fabrication, l'automatisation pilotée par l'IA améliore la précision et l'efficacité. L'intégration de l'IA dans ce secteur conduit à l'émergence d'"usines intelligentes", où la maintenance prédictive et les lignes de production optimisées réduisent considérablement les temps d'arrêt et augmentent le rendement. Cette transition réoriente toutefois la main-d'œuvre vers la maintenance des machines et l'ingénierie des systèmes plutôt que vers le travail manuel.

Le secteur de la santé connaît l'introduction de diagnostics pilotés par l'IA et de plans de traitement personnalisés. Ces avancées nécessitent une main-d'œuvre non seulement compétente sur le plan clinique, mais aussi sur le plan technologique, capable de collaborer avec l'IA pour offrir de meilleurs résultats aux patients.

L'IA rationalise également les processus de recrutement, avec des systèmes intelligents capables de sourcer et de sélectionner les candidats plus efficacement. Cela a des implications importantes pour les professionnels des ressources humaines, qui doivent désormais se concentrer davantage sur le développement stratégique du capital humain que sur les tâches administratives.

Les services financiers sont transformés par l'IA, les algorithmes étant désormais capables de détecter les fraudes, d'évaluer les risques et d'assurer le service à la clientèle. Cela introduit un cadre de professionnels de la finance technologiquement avertis qui peuvent naviguer dans l'interaction complexe entre les produits financiers et les outils d'IA.

Enfin, une tendance critique qui émerge est l'importance des considérations éthiques dans le déploiement de l'IA. Il y a un besoin croissant de rôles axés sur la gouvernance et l'utilisation éthique de l'IA. Les éthiciens et les décideurs spécialisés dans la technologie voient leurs compétences davantage sollicitées pour garantir que l'intégration de l'IA dans l'emploi se fasse dans le respect des normes et des valeurs sociétales.

Si nous regardons vers l'horizon, la convergence de l'IA et de l'emploi est une force indéniable, qui modifie les trajectoires traditionnelles des carrières et des secteurs d'activité. La main-d'œuvre de demain sera définie non pas par des tâches routinières et reproductibles, mais par la capacité à exploiter les complémentarités de l'ingéniosité humaine et de l'intelligence artificielle. Les générations actuelles et futures sont donc invitées à explorer les synergies entre le potentiel humain et les prouesses de l'IA, en s'efforçant de progresser tout en préservant la dignité du travail à une époque de progrès technologique sans précédent.

Les préoccupations liées au déplacement d'emplois ont fait surface avec la montée en puissance des applications de l'intelligence artificielle qui transforment la main-d'œuvre, créant un paysage aussi prometteur que difficile. Alors que nous nous plongeons dans la dynamique complexe du rôle de l'IA dans la refonte de l'emploi, il devient évident que la marée de l'apprentissage automatique et de l'automatisation est vouée à redéfinir ce que le travail signifie pour la société humaine.

L'histoire du déplacement d'emplois dû au progrès technologique n'est pas nouvelle. Les révolutions industrielles du passé nous ont appris que l'innovation peut simultanément générer de nouveaux types d'emplois tout en rendant certains ensembles de compétences obsolètes. Cependant, la vitesse et la sophistication avec lesquelles l'IA peut effectuer des tâches posent un défi sans précédent au marché du travail.

Lars Meyer

Divers secteurs, de l'industrie manufacturière aux services, se trouvent à un carrefour où les tâches répétitives et fondées sur des règles sont de plus en plus souvent exécutées par des algorithmes et des robots. Cette transition suscite inévitablement des appréhensions quant à la sécurité de l'emploi et au risque d'élargissement des disparités économiques.

Les données révèlent toutefois une histoire plus nuancée. L'automatisation induite par l'IA n'est pas un simple binaire de création et de destruction d'emplois. Elle englobe également la transformation des emplois, où les rôles humains évoluent en réponse aux compagnons technologiques. Par exemple, le rôle d'un caissier de banque aujourd'hui est différent de ce qu'il était il y a deux décennies, se concentrant désormais davantage sur la gestion de la relation client que sur les transactions de routine.

Néanmoins, les appréhensions concernant le déplacement d'emplois ne peuvent pas être écartées. Le Forum économique mondial prévoit que d'ici 2025, l'automatisation déplacera des millions d'emplois, mais qu'elle en créera aussi des millions d'autres. Le problème réside dans le fait que les emplois créés pourraient ne pas se trouver dans les mêmes régions ou secteurs que ceux perdus, ce qui entraînerait d'importantes frictions sociales et économiques.

Un aspect important de cette transition est l'inadéquation des compétences. Les emplois du futur peuvent nécessiter une culture numérique, une expertise en matière d'analyse de données ou la capacité de travailler avec des systèmes d'IA. Sans un effort concerté pour recycler et améliorer les compétences de la main-d'œuvre, l'inadéquation entre les emplois disponibles et les compétences employables pourrait exacerber les problèmes de chômage.

La crainte d'un déplacement d'emplois résonne différemment d'un groupe démographique à l'autre. Les groupes historiquement défavorisés peuvent être confrontés à des obstacles supplémentaires pour accéder à l'éducation et à la formation nécessaires à ces nouveaux rôles augmentés par l'IA, ce qui renforce les inégalités existantes. Au-delà de la pression économique, la perte d'un emploi peut éroder le sentiment d'utilité et d'identité qui est étroitement lié à l'emploi. La société doit s'attaquer à ces ramifications, en s'occupant non seulement des systèmes de soutien économique, mais aussi des systèmes de soutien émotionnel nécessaires à de telles transitions.

Au niveau régional, l'impact de l'automatisation induite par l'IA est susceptible de varier. Les villes qui dépendent fortement des industries susceptibles d'être automatisées peuvent craindre de voir leur cœur économique se vider, tandis que celles qui sont des centres d'innovation peuvent voir fleurir de nouveaux emplois.

Les interventions politiques joueront un rôle essentiel dans l'atténuation des déplacements d'emplois induits par l'IA. Il peut s'agir de filets de sécurité sociale, de partenariats public-privé pour faciliter le recyclage des travailleurs et d'incitations pour les industries qui favorisent la création d'emplois. Le développement durable de la main-d'œuvre est primordial et nécessite des stratégies cohérentes et tournées vers l'avenir de la part des dirigeants.

Une action décisive de la part des établissements d'enseignement est également vitale. La réforme des programmes d'études pour intégrer les compétences centrées sur l'IA, depuis l'éducation de base jusqu'à l'enseignement supérieur, est nécessaire pour préparer la prochaine génération à un paysage de l'emploi transformé.

On ne peut ignorer l'opportunité qui se cache dans ce bouleversement. Le potentiel d'entrepreneuriat et d'innovation à l'ère de l'IA est immense. À mesure que les tâches routinières sont automatisées, la créativité et la stratégie humaines peuvent être libérées sur des problèmes que les machines ne sont pas aptes à résoudre, tels que ceux qui nécessitent une intelligence émotionnelle, un jugement nuancé et une compréhension sociétale complexe.

Alors que l'IA déplacera certainement des emplois, elle peut également améliorer la qualité du travail en éliminant la monotonie et en augmentant l'efficacité. Pour réaliser les aspects positifs de l'IA et minimiser les effets négatifs du déplacement d'emplois, une coopération cohésive entre le gouvernement, l'industrie, les éducateurs et les travailleurs est nécessaire. L'intégration de l'IA dans la société consiste autant à gérer ses effets perturbateurs qu'à exploiter son potentiel de transformation.

En conclusion, les préoccupations relatives au déplacement d'emplois dans le sillage de l'ascension de l'IA sont justifiées et complexes. Ce défi n'est pas insurmontable, mais il exige une stratégie intelligente de requalification, l'évolution des systèmes éducatifs et l'élaboration de cadres politiques qui soutiennent une main-d'œuvre flexible et résiliente. L'adoption de cette approche holistique nous conduira vers un avenir où l'IA n'agira pas comme un agent de déplacement, mais comme un catalyseur de l'innovation et de l'entreprise humaines.

Il n'y a pas de raison de s'inquiéter.

Nouvelles opportunités pour la main-d'œuvre qualifiée

Alors que nous nous penchons plus avant sur l'impact de l'IA sur la main-d'œuvre, il est impératif de se concentrer sur le côté positif qui est souvent éclipsé par les préoccupations liées au déplacement d'emplois. L'intelligence artificielle n'est pas seulement un signe avant-coureur de changement, mais aussi un créateur de nouvelles opportunités pour la main-d'œuvre qualifiée. Aucun secteur n'est épargné par les vrilles de l'IA, des soins de santé à la finance, ce qui se traduit par une floraison de rôles pour ceux qui sont prêts à embrasser et à augmenter les nouvelles technologies.

Le récit selon lequel l'IA conduira à un chômage universel n'est pas seulement exagéré mais aussi incomplet. Elle ne tient pas compte de la nature dynamique des marchés de l'emploi et de la capacité humaine d'adaptation et de croissance. L'essor de l'IA a, en fait, catalysé la création d'emplois qui nécessitent un mélange nuancé de prouesses techniques et d'ingéniosité humaine. Les scientifiques des données, les spécialistes de l'IA et les ingénieurs en apprentissage automatique ne sont que la partie émergée de l'iceberg en ce qui concerne les carrières émergentes.

Toutefois, les opportunités ne se limitent pas à ces rôles de haute technologie. Il y a une demande croissante de compétences transversales où les individus peuvent combler le fossé entre le numérique et le traditionnel. Les travailleurs qui maîtrisent les applications de l'IA dans leur domaine—tels que les professionnels du marketing numérique qui maîtrisent l'analyse alimentée par l'IA ou les prestataires de soins de santé qui connaissent les diagnostics assistés par l'IA—disposent d'un avantage considérable.

Ces changements sur le marché du travail exigent une réponse proactive de la part du secteur de l'éducation. Compte tenu du rythme rapide de l'évolution de l'IA, l'apprentissage tout au long de la vie est devenu plus important que jamais. Les programmes de formation professionnelle et les universités s'orientent vers des cours qui offrent des approfondissements sur l'IA et son applicabilité dans divers secteurs, garantissant ainsi que la main-d'œuvre reste compétitive et agile.

Le besoin de main-d'œuvre qualifiée englobe également la dimension éthique de l'IA. Alors que les sociétés sont aux prises avec les implications de la prise de décision algorithmique, il existe un besoin croissant de personnes capables de naviguer dans le paysage moral de la technologie. Les rôles tels que les éthiciens de l'IA et les responsables de la conformité deviennent tout aussi cruciaux que le personnel technique derrière le développement de l'IA.

L'IA exige également un niveau plus élevé de spécialisation dans les emplois traditionnels. Les métiers tels que les électriciens et les mécaniciens évoluent, avec de nouvelles spécialisations en robotique et en diagnostic de systèmes intelligents. Ces professions ne sont pas remplacées ; elles sont améliorées, ce qui nécessite une compréhension plus approfondie de l'intégration complexe entre le matériel et les logiciels pilotés par l'IA.

L'entrepreneuriat est une autre voie par laquelle la main-d'œuvre qualifiée peut tirer parti de l'avènement de l'IA. Des startups axées sur les applications de l'IA voient le jour dans le monde entier, exploitant des marchés de niche et proposant des solutions innovantes. Les professionnels qualifiés ont la possibilité de montrer la voie en développant des outils d'IA adaptés aux besoins spécifiques de l'industrie, de l'agriculture au divertissement.

Le service à la clientèle et les rôles d'assistance se transforment de la même manière. L'IA, sous la forme de chatbots et d'assistants virtuels, traite les demandes de renseignements de routine, ce qui, en retour, élève le rôle de l'humain pour qu'il s'attaque aux problèmes plus complexes et uniques des clients. La capacité à travailler aux côtés de l'IA et à l'utiliser pour améliorer le service personnel et la gestion de la relation client est un ensemble de compétences très demandé.

L'art et la créativité sont encore un autre secteur où l'IA tisse de nouvelles opportunités. Les artistes, les écrivains et les designers explorent l'IA comme un outil permettant de repousser les limites de la créativité. L'IA n'est pas l'artiste, mais un instrument sophistiqué entre les mains de l'artiste, permettant la création d'œuvres qui seraient inconcevables sans elle.

La gestion de projet subit également une transformation. Grâce à l'IA qui fournit des informations précieuses sur les données et l'évaluation des risques, les chefs de projet peuvent prendre des décisions plus éclairées et optimiser les flux de travail. Le rôle des chefs de projet s'est donc transformé en penseurs stratégiques capables d'interpréter les données de l'IA et de les appliquer efficacement dans le monde réel.

Si l'on considère le secteur manufacturier, les travailleurs qualifiés capables de travailler avec des robots collaboratifs (cobots) sont très demandés. Ces cobots sont conçus pour travailler en tandem avec les travailleurs humains, et non pour les remplacer. La clé réside dans la compréhension des opérations et de la maintenance de ces machines, assurant une collaboration harmonieuse entre les compétences humaines et la robotique.

Même le monde de la finance voit un changement avec l'introduction de l'IA. Les conseillers financiers et les analystes qui appréhendent les connaissances générées par l'IA peuvent fournir une meilleure stratégie et de meilleurs services à leurs clients. La combinaison de l'expertise financière et de la maîtrise de l'IA permet à ces professionnels de s'affranchir du bruit et d'offrir des conseils fondés sur des données.

Dans le domaine de la cybersécurité, l'IA offre les outils nécessaires pour lutter contre les menaces sophistiquées, mais ce sont des professionnels de la cybersécurité compétents qui manient ces outils efficacement. Leur expertise aide les organisations à anticiper et à naviguer dans le paysage complexe des menaces numériques, ce qui les rend inestimables pour toute équipe de sécurité.

Enfin, le secteur public et les organisations à but non lucratif ont tout à gagner des travailleurs qualifiés qui peuvent mettre en œuvre l'IA pour relever les défis sociétaux. De l'optimisation de l'allocation des ressources à l'amélioration de la réponse aux catastrophes, les possibilités sont vastes pour ceux qui sont équipés pour exploiter le potentiel de l'IA pour le bien public.

L'acquisition de nouvelles compétences et l'engagement à l'égard de l'apprentissage continu sont des aspects essentiels pour prospérer dans ce marché de l'emploi axé sur l'IA. Alors que nous continuons à explorer ces nouvelles frontières, il est clair que l'IA n'est pas la fin de l'histoire de la main-d'œuvre qualifiée ; c'est un nouveau chapitre inspirant, plein de possibilités et de promesses pour ceux qui sont prêts à explorer et à exploiter ces frontières.

Il est clair que l'IA n'est pas une fin en soi.

Chapitre 3 :
Considérations éthiques sur
l'intelligence artificielle

Au vu de l'expansion sans précédent de l'IA et de son impact croissant sur le marché du travail, il est impératif de se plonger dans le chapitre suivant de ce récit : le paysage éthique qui sous-tend l'intelligence artificielle. Les considérations éthiques relatives à l'IA ne sont pas simplement des sujets de discussion supplémentaires ; elles constituent l'épine dorsale d'une technologie qui a le potentiel de remodeler notre société. Alors que les systèmes d'intelligence artificielle deviennent de plus en plus autonomes et font partie intégrante des processus de prise de décision, il est essentiel que nous affrontions les dilemmes moraux qui accompagnent ces avancées. Les biais intégrés dans les algorithmes, la nécessité de transparence dans les mécanismes de l'IA et la responsabilité des systèmes d'IA sont autant de questions pertinentes qui exigent un examen rigoureux. Maintenir une boussole morale dans le déploiement de l'IA, c'est sauvegarder le tissu même de l'équité et de la justice dans notre société. Il s'agit de s'assurer qu'à mesure que les machines apprennent, elles n'héritent pas de nos faiblesses mais nous aident à les transcender, ouvrant ainsi la voie à une ère où la technologie amplifie nos idéaux éthiques au lieu de les saper. Dans ce chapitre, nous ne nous contenterons pas de démêler les complexités de l'éthique dans l'IA ; nous visons à inculquer un sens de l'intendance à ceux qui sont à la tête du développement et du déploiement de l'IA, en cultivant une compréhension qui nous permettra d'orienter cette formidable technologie vers un horizon de bienveillance et d'épanouissement humain.

Le cadre moral du déploiement de l'IA

Avec le rythme rapide auquel l'intelligence artificielle s'est insérée dans le tissu social, il est impératif de faire une pause et de réfléchir à l'échafaudage moral qui doit soutenir une révolution aussi profonde. En nous penchant sur les concepts éthiques nécessaires au déploiement consciencieux de l'IA, nous nous trouvons confrontés à des dilemmes complexes qui transcendent les subtilités technologiques et touchent au domaine des valeurs humaines et des structures sociétales.

La moralité, un concept généralement réservé à la prise de décision humaine, étend sa juridiction aux cerveaux virtuels des systèmes d'IA. Ces systèmes se voient confier des décisions qui affectent les moyens de subsistance, le bien-être et l'équilibre de la société. Le déploiement de l'IA peut être comparé au fait de confier à un nouveau membre des responsabilités sociétales – un membre dont le potentiel d'impact est aussi vaste qu'incertain. Ainsi, la création d'un plan moral pour l'IA revêt une importance cruciale, agissant comme un guide de navigation pour empêcher l'IA de s'égarer dans des bourbiers éthiques. Ce schéma directeur oriente les développeurs et les utilisateurs vers des applications responsables et humaines de l'intelligence artificielle.

L'autonomie constitue le premier pilier de notre cadre moral. Les éthiciens et les technologues sont confrontés au dilemme suivant : accorder l'autonomie aux systèmes d'IA tout en veillant à ce qu'ils fonctionnent dans le cadre de paramètres éthiques prédéterminés. Comment doter ces systèmes de la "sagesse" nécessaire pour prendre des décisions conformes à nos attentes éthiques les plus larges ? Il s'agit de concevoir des contraintes à l'intérieur desquelles l'autonomie peut fonctionner de manière sûre et bénéfique.

Quand les machines apprennent

La bienfaisance - l'impératif de faire le bien - et la non-malfaisance, la responsabilité de ne pas nuire, sont des pierres angulaires de la conduite éthique qui doivent s'étendre à l'IA. Ces principes revêtent une importance encore plus grande lorsque les actions des systèmes d'IA peuvent influencer les résultats dans les secteurs de la santé, de la justice pénale et de l'économie, entre autres. Il ne s'agit pas simplement de programmer une IA pour qu'elle exécute une tâche de manière efficace ; il s'agit de veiller à ce que cette tâche soit exécutée de manière à maximiser les avantages et à minimiser les dommages pour toutes les parties prenantes.

La justice, autre principe clé, implique de répartir équitablement les avantages et les charges de la technologie de l'IA dans la société. Le spectre de l'IA exacerbant les inégalités existantes est une préoccupation pressante qui appelle des mesures proactives pour garantir l'équité dans la diffusion et les effets de l'IA. Le respect de la dignité et des droits de l'homme est un principe qui doit guider le déploiement de l'IA. Dans un paysage parsemé d'exemples d'utilisation abusive de la technologie, la préservation de la dignité humaine par une utilisation respectueuse de l'IA est une balise vers laquelle nous devons résolument naviguer. Lorsque l'IA touche aux aspects de la liberté individuelle, de la vie privée et de l'individualité, son application doit tenir compte du respect inviolable dû à chaque personne.

La transparence en tant que concept est double dans le contexte de l'IA. Premièrement, elle comprend l'"interprétabilité" ou l'"explicabilité" des systèmes d'IA. Les parties prenantes concernées par les décisions en matière d'IA ont le droit de comprendre le raisonnement qui sous-tend les résultats obtenus grâce à l'IA, en particulier lorsque ces décisions ont des conséquences importantes. Deuxièmement, la transparence s'étend au processus de développement lui-même, ce qui favorise la confiance et permet un discours public éclairé sur la place de l'IA dans la société.

Notre boussole morale doit également englober la responsabilité. Lorsque les systèmes d'IA agissent mal, la détermination de la responsabilité et la mise en œuvre de mesures correctives sont des tâches labyrinthiques. Par conséquent, des cadres clairs de responsabilité sont essentiels pour garantir que des mécanismes sont en place pour traiter tout abus potentiel ou toute conséquence involontaire de l'IA, facilitant ainsi la confiance dans ces systèmes.

La collaboration apparaît comme un principe central dans le cadre moral de l'IA. L'imbrication de l'IA dans le tissu sociétal nécessite une multitude de voix et de points de vue pour son élaboration. Les éthiciens, les scientifiques, les décideurs politiques et le public doivent se réunir pour façonner une technologie qui est par les gens et pour les gens. C'est dans cette synergie interdisciplinaire que nous trouvons les freins et les contrepoids nécessaires pour façonner une IA éthique.

L'application du principe de prévoyance implique d'anticiper les trajectoires potentielles que l'IA pourrait prendre et de comprendre les implications à long terme de son déploiement. La gestion du développement de l'IA exige non seulement d'aborder les impacts immédiats, mais aussi d'évaluer les conséquences futures, de garantir la durabilité et d'éviter les changements sociétaux préjudiciables.

Enfin, la résilience, tant dans les cadres éthiques que dans les systèmes d'IA, est indispensable. À mesure que les systèmes d'IA sont confrontés à de nouveaux scénarios et que les sociétés évoluent, la capacité de l'IA à s'adapter sur le plan éthique, sans compromettre les normes morales, sera primordiale. Il incombe aux développeurs et aux régulateurs d'intégrer la résilience dans l'ADN même de l'IA, en facilitant une boussole morale à la fois robuste et adaptable.

En somme, le cadre moral du déploiement de l'IA n'est pas simplement un ensemble de directives à suivre, mais un canevas, qui respecte les expériences humaines passées, les normes sociétales actuelles et les aspirations futures. Ce cadre est un organisme en constante évolution, qui reflète l'interaction dynamique entre la technologie et l'éthique humaine. Il témoigne de la volonté de défendre les principes humanistes dans la vague toujours croissante des progrès technologiques. Grâce à cet engagement, l'IA peut servir de testament aux idéaux les plus élevés et aux plus grandes forces de l'humanité.

En tant que tel, un dialogue inclusif qui s'étend à travers les cultures, les disciplines et les communautés est essentiel pour tisser efficacement ces principes moraux dans les systèmes d'IA à l'échelle mondiale. La diversité des contributions garantit que le déploiement de l'IA tient compte d'un large éventail de perspectives éthiques, renforçant ainsi la solidarité mondiale et respectant les nuances des différents contextes humains.

Par-dessus tout, le cadre moral du déploiement de l'IA nous incite à envisager et à rechercher une symphonie de technologies et de valeurs humaines. C'est un équilibre délicat mais profondément puissant qui peut donner naissance à un avenir où l'intelligence artificielle agit comme une force pour le bien, un catalyseur du potentiel humain et un gardien de l'intégrité éthique. À l'intersection de la technologie et de la morale se trouve l'opportunité de redéfinir l'essence du progrès – non seulement en termes de capacité mais aussi de compassion, d'équité, et d'un engagement partagé pour l'amélioration de tous.

L'intelligence artificielle, c'est l'affaire de tout le monde.

Biais et équité dans la prise de décision algorithmique ...

L'intelligence artificielle a progressé à un point tel que les algorithmes peuvent prendre des décisions qui étaient auparavant du domaine exclusif des humains. C'est un exploit impressionnant qui inspire l'admiration, mais qui s'accompagne d'une complexité éthique indéniable en matière de partialité et d'équité. Alors que nous explorons la prise de décision algorithmique, il est essentiel de reconnaître que les algorithmes, malgré leur potentiel d'impartialité, ne sont souvent aussi impartiaux que les données qui leur sont fournies et les humains qui les conçoivent.

La question de la partialité dans les systèmes d'IA peut se poser à de multiples étapes—de la collecte et de la sélection des données à la façon dont un algorithme est programmé pour interpréter ces données. Un algorithme formé à partir d'ensembles de données non représentatives ou entachées de préjugés peut, par inadvertance, perpétuer, voire amplifier les préjugés existants. Il peut en résulter des pratiques discriminatoires, telles que des conditions de prêt préférentielles, des décisions d'embauche biaisées ou une application inégale de la loi.

Pour remédier à ces injustices, l'équité doit devenir une partie intrinsèque de chaque phase du développement des systèmes d'IA. L'équité est toutefois un concept à multiples facettes. Il ne s'agit pas de traiter tout le monde exactement de la même manière, car cela pourrait entraîner des disparités. Il s'agit plutôt de reconnaître la diversité des besoins et des situations et de créer des solutions qui fonctionnent équitablement pour toutes les parties prenantes.

Plusieurs types de préjugés doivent être compris et atténués. Les biais historiques reflètent des inégalités de longue date dans la société ; les biais de mesure découlent de la manière dont les données sont saisies ; les biais algorithmiques se produisent en raison d'un traitement défectueux, et les biais d'émergence évoluent au fur et à mesure que les systèmes interagissent avec le retour d'information du monde réel. La reconnaissance de ces biais est la première étape vers la mise en place de mécanismes de responsabilisation dans la prise de décision algorithmique.

Il existe des meilleures pratiques émergentes visant à réduire les biais. Il s'agit notamment de diversifier les données de formation, d'effectuer des audits réguliers et de mettre en œuvre des évaluations de l'impact des algorithmes. Ces pratiques peuvent contribuer à éclairer le processus de prise de décision et à signaler les cas d'injustice potentielle avant qu'ils ne causent des dommages. Toutefois, ces mesures ne sont pas infaillibles ; elles doivent être complétées par une surveillance humaine.

La surveillance humaine ne prend pas seulement la forme de concepteurs et de scientifiques des données qui peaufinent continuellement les systèmes, mais aussi de cadres de gouvernance appropriés. Nous devons veiller à ce qu'il y ait une touche humaine, en mettant l'accent sur l'empathie et la compréhension, pour détecter les biais nuancés que même les algorithmes les plus sophistiqués peuvent manquer.

Dans la quête d'une IA équitable, la transparence est primordiale. Il ne s'agit pas seulement d'ouvrir les algorithmes à l'inspection, mais aussi de clarifier les valeurs et les compromis qu'ils intègrent. Une telle transparence peut contribuer à renforcer la confiance dans les systèmes d'IA, ce qui permet à la société d'accepter plus facilement les décisions algorithmiques comme étant à la fois justes et légitimes.

L'équité nécessite l'inclusion délibérée de différentes perspectives dans la conversation sur l'IA. Les parties prenantes des communautés marginalisées doivent avoir un siège à la table pendant le développement et la mise en œuvre des systèmes d'IA pour s'assurer que leurs idées et leurs préoccupations façonnent la trajectoire du développement technologique.

Toutefois, établir l'équité dans l'IA est un défi dynamique et non statique. Les normes et les valeurs de la société évoluent, et les systèmes d'IA doivent être conçus pour s'adapter en même temps qu'elles. Une vigilance constante est nécessaire pour évaluer et affiner en permanence l'IA afin de maintenir son alignement sur l'éthique sociétale.

L'éducation joue un rôle essentiel dans la promotion de l'équité dans l'IA. En éclairant les générations actuelles et futures sur les subtilités des préjugés, nous leur donnons les moyens d'anticiper et d'identifier les problèmes d'équité dans l'IA, ce qui favorise une culture de l'innovation responsable. Une approche inclusive à l'échelle mondiale, reconnaissant l'éventail des valeurs et des normes culturelles, peut aider à établir des normes qui empêchent les préjugés de saper les avantages potentiels de l'IA au-delà des frontières.

Il est difficile de mesurer le succès des efforts déployés pour lutter contre les préjugés de l'IA, mais des méthodologies émergent. Des mesures quantitatives qui suivent la représentation dans les ensembles de données aux analyses qualitatives des expériences des utilisateurs, ces outils d'évaluation guident les progrès vers l'impartialité.

En pratique, la lutte contre les biais dans la prise de décision algorithmique est une intervention qui nécessite une approche holistique, qui englobe les stratégies techniques, organisationnelles et sociétales. Ce n'est que grâce à cette approche globale que l'IA pourra véritablement tenir sa promesse de prise de décision juste et équitable.

Alors que nous allons de l'avant, embrassant le mariage de l'intelligence humaine avec des homologues artificiels, l'appel à l'action est clair. Nous devons imprégner les systèmes d'IA des normes éthiques et de la compassion qui sont au cœur de la prise de décision humaine. Ce faisant, nous ouvrirons une ère où l'IA servira de phare à l'équité, enrichissant de manière significative le tissu social.

Le voyage vers une IA sans préjugés peut s'avérer difficile, mais c'est un embarquement nécessaire. Il s'agit d'une entreprise ambitieuse qui s'adresse au cœur de ce que nous sommes en tant qu'êtres humains—une symphonie de voix diverses s'harmonisant autour de valeurs partagées d'équité, d'impartialité et de justice. En tissant ces valeurs dans les tapisseries algorithmiques de demain, nous améliorons non seulement les outils à notre disposition, mais aussi la dignité inhérente de notre communauté mondiale.

Quand les machines apprennent

La transparence et la responsabilité dans les systèmes d'IA
sont des thèmes centraux du discours éthique sur l'intelligence
artificielle. Ce sont les piliers qui maintiennent la confiance du public
et garantissent une gestion responsable de la technologie. Sans
transparence, il est pratiquement impossible pour les utilisateurs et les
parties prenantes de comprendre comment les systèmes d'IA prennent
des décisions ou produisent des résultats. Sans responsabilité, il n'existe
aucun mécanisme permettant de déterminer si ces systèmes causent des
dommages ou s'ils vont à l'encontre des valeurs de la société.
L'intégration de ces concepts dans les systèmes d'IA n'est pas
seulement un défi technique, mais un impératif éthique à multiples
facettes.

La transparence dans l'IA fait référence à la clarté et à la
compréhensibilité des processus et des décisions de l'IA pour les
utilisateurs, les développeurs et les autres parties prenantes. L'IA ne
doit pas être une boîte noire, inaccessible à l'examen. Au contraire, la
transparence implique que les systèmes d'IA soient ouverts à l'examen,
tant en ce qui concerne leurs processus opérationnels que les données
qu'ils utilisent. Cette visibilité permet aux personnes concernées par les
décisions de l'IA de comprendre la logique qui les sous-tend et
d'identifier les biais ou les erreurs potentiels du système.

Mais la transparence ne suffit pas. Elle doit être complétée par
l'obligation de rendre compte—une attribution claire de la
responsabilité des effets des systèmes d'IA. Lorsque les systèmes d'IA
agissent de manière préjudiciable ou discriminatoire, il doit être
possible de tenir pour responsables ceux qui les ont construits,
déployés ou gérés. Cela nécessite un cadre clair de lois, de
réglementations et de normes industrielles pour garantir que les
individus et les organisations puissent être tenus responsables des
résultats de leurs systèmes d'IA.

Le développement d'une IA compréhensible dépend de la création de modèles capables d'expliquer leurs actions et leurs décisions en des termes lisibles par l'homme. Le mouvement en faveur d'une "IA explicable" (XAI) prend de l'ampleur avec la demande croissante de systèmes qui fournissent des informations sur leurs processus de prise de décision. L'objectif est ici d'équilibrer les performances des systèmes d'IA avec la possibilité de les expliquer, ce qui est souvent un compromis avec des modèles plus complexes tels que les réseaux neuronaux profonds.

Dans un esprit de responsabilisation, les efforts de réglementation se multiplient. Les gouvernements du monde entier commencent à proposer et à mettre en œuvre des réglementations qui exigent que les systèmes d'IA soient transparents et que les opérateurs soient responsables. Le règlement général sur la protection des données (RGPD) de l'Union européenne, par exemple, donne aux citoyens un droit d'explication lorsqu'ils font l'objet de décisions automatisées.

La mise en œuvre d'une IA transparente et responsable exige également un changement culturel dans l'industrie technologique. Il faut un engagement en faveur de l'éthique à tous les niveaux, de la direction aux développeurs sur le terrain. Ce type de changement nécessite une éducation et une formation, ainsi que l'établissement de lignes directrices éthiques conformes aux valeurs sociétales et au bien public.

L'auditabilité est une caractéristique essentielle de la responsabilité de l'IA, où des tierces parties indépendantes évaluent les systèmes d'IA en termes d'équité, de sécurité, de respect de la vie privée et de robustesse. Des audits réguliers peuvent rassurer le public sur le fait que les systèmes d'IA fonctionnent comme prévu et ne causent pas de dommages involontaires. Ces audits deviennent cruciaux, en particulier dans les domaines à fort enjeu tels que les soins de santé, l'application de la loi et les services financiers.

La recherche d'une IA responsable englobe également la question de la réparation. Lorsque les systèmes d'IA causent des dommages, il doit exister un mécanisme clair et accessible permettant aux personnes concernées de demander réparation. Il peut s'agir de voies légales, de tribunaux sectoriels ou d'organismes de réglementation. L'entité responsable du déploiement du système doit être prête à prendre des mesures correctives.

L'éducation des consommateurs et des utilisateurs finaux joue également un rôle crucial en matière de transparence et de responsabilité. Si les utilisateurs ne sont pas conscients de l'impact des systèmes d'IA sur leur vie ou s'ils n'ont pas les connaissances nécessaires pour remettre en question les décisions de ces systèmes, ils sont fortement désavantagés. Il est donc fondamental de sensibiliser le public et de lui faire comprendre ce qu'est l'IA.

Les outils et cadres de transparence évoluent en même temps que les systèmes d'IA eux-mêmes. Les développeurs d'IA utilisent de plus en plus d'outils tels que des fiches de modèle, des fiches techniques pour les ensembles de données et des évaluations d'impact pour communiquer avec les parties prenantes sur le fonctionnement de leurs systèmes d'IA et les considérations qui ont été prises en compte dans leur développement.

La confiance est le fondement sur lequel la relation entre l'IA et la société est bâtie. Un système d'IA qui est à la fois transparent et responsable est plus susceptible de susciter la confiance. Bien que la confiance totale dans l'IA puisse être un objectif lointain, la poursuite de ces principes est essentielle pour une intégration saine de l'IA dans le tissu quotidien de la société.

En plus de ces mesures, des consortiums industriels et des groupes multipartites émergent pour relever les défis de la gouvernance de l'IA. En travaillant ensemble, ces groupes peuvent partager les meilleures pratiques et développer des cadres pour une IA responsable qui équilibre l'innovation et les considérations éthiques.

Enfin, la responsabilité ne s'arrête pas une fois qu'un système d'IA est déployé. Le suivi post-déploiement est essentiel pour garantir que les systèmes d'IA continuent à fonctionner de manière éthique tout au long de leur cycle de vie. Une surveillance continue pourrait permettre de détecter des problèmes de dérive des données, de dégradation des modèles ou d'évolution des valeurs sociétales nécessitant des modifications du système d'IA.

Les enjeux étant si importants, l'absence de transparence et de responsabilité pourrait avoir des répercussions allant de l'érosion des libertés civiles à l'escalade involontaire des inégalités. Il est essentiel de prêter attention à ces domaines si l'on veut que l'IA tienne sa promesse d'être une force au service du bien.

La diversité des points de vue enrichit le débat sur la transparence et la responsabilité de l'IA. En incluant des voix provenant de différents secteurs, milieux culturels, cadres juridiques et expériences vécues, le paysage de l'IA éthique peut être solidement cartographié, en mettant en évidence les défis communs et les circonstances uniques. Cet apport diversifié est essentiel pour développer des systèmes d'IA au service de tous et non de quelques privilégiés.

Par essence, la transparence et la responsabilité ne sont pas seulement des questions techniques ; ce sont des impératifs sociétaux qui sous-tendent la confiance dans les systèmes d'IA. À mesure que nous nous aventurons dans un monde enrichi par l'intelligence artificielle, l'engagement en faveur de ces principes doit se renforcer, afin que l'IA soit au service de l'humanité avec équité, fiabilité et ouverture.

Chapitre 4 :
Intégration de l'IA dans la société

Alors que nous nous éloignons des cadres éthiques abordés dans le chapitre précédent, il est essentiel d'explorer l'intégration de l'IA dans le tissu de notre société—une tapisserie complexe d'acceptation, de résistance et de nécessité. L'intégration transparente de l'intelligence artificielle dans notre vie quotidienne dépend de la création d'une consonance entre la technologie innovante et les diverses conditions humaines au sein des communautés mondiales. Ce chapitre se penche sur les dimensions sociétales du déploiement de l'IA, en examinant comment les niveaux d'acceptation varient en fonction de la démographie et de la culture. Nous examinerons des stratégies visant à garantir que les avantages de l'IA soient inclusifs, en tenant compte du risque d'élargissement de la fracture numérique qui pourrait marginaliser les groupes sous-représentés. En comprenant la dynamique sociale en jeu, nous cherchons à construire une coalition d'applications d'IA centrées sur l'humain qui non seulement résonnent avec les besoins de la société, mais aussi soutiennent nos valeurs communes, rapprochent nos communautés et élèvent notre humanité partagée.

Les applications d'IA centrées sur l'humain ont été conçues pour répondre aux besoins de la société.

Lars Meyer

Acceptation sociale et résistance

Alors que nous naviguons dans les méandres de l'intelligence artificielle et qu'elle s'immisce dans divers aspects de notre société, nous sommes confrontés à une myriade de réactions. Le thème de l'acceptation et de la résistance sociales est doublement complexe. D'une part, il y a ceux qui adoptent l'IA pour son potentiel d'amélioration de la qualité de vie et de progrès humain. Dans l'abîme qui sépare ces deux extrêmes, on trouve une interaction délicate entre la psychologie humaine, les attentes culturelles et les facteurs socio-économiques. L'acceptation de l'IA est souvent motivée par les avantages perçus, tels qu'une efficacité accrue, des économies de coûts et de nouvelles commodités. Dans des secteurs tels que les soins de santé, où l'IA peut faciliter le diagnostic et les soins aux patients, les avantages sont tangibles et peuvent susciter un soutien généralisé.

Cependant, l'acceptation est parfois progressive, façonnée par l'exposition et la familiarité. Au fur et à mesure que les gens interagissent avec les services et produits basés sur l'IA—assistants personnels, chatbots ou systèmes de recommandation—ils s'adaptent progressivement à ces améliorations et finissent même par s'y attendre. Cette normalisation de la technologie est une étape essentielle vers une acceptation sociale plus large.

La résistance, cependant, ne peut et ne doit pas être considérée comme une simple aversion au changement. Elle découle souvent d'inquiétudes sincères concernant la sécurité de l'emploi à mesure que l'automatisation se généralise. Les gens craignent que leurs moyens de subsistance ne deviennent obsolètes, un sujet soigneusement examiné dans les chapitres précédents. La menace du chômage due à l'automatisation induite par l'IA est un catalyseur de la résistance et appelle à des stratégies d'intégration consciencieuses.

En outre, les préoccupations éthiques jouent un rôle central dans la résistance de la société. Les questions relatives aux préjugés, à la discrimination et à l'atteinte à la vie privée qui peuvent découler des systèmes d'IA suscitent le scepticisme. Les questions de transparence et de responsabilité, évoquées précédemment, alimentent l'idée que l'IA pourrait fonctionner sans boussole morale ni responsabilité humaine, ce qui exacerbe la résistance.

Le tissu culturel d'une société influe également sur le niveau d'acceptation. Les cultures qui privilégient le bien-être collectif peuvent considérer l'IA différemment de celles qui accordent une plus grande importance à la liberté individuelle et à la vie privée. Cette perspective interculturelle nuancée sur l'IA met en lumière le fait que l'acceptation n'est pas une notion universelle ; elle exige une localisation de l'approche et de la compréhension.

Les disparités en matière d'éducation encadrent également la conversation autour de l'IA. Les personnes qui comprennent mieux les capacités et les limites de l'IA peuvent être plus ouvertes à son intégration. À l'inverse, un manque de compréhension peut engendrer des craintes, ce qui entraîne une certaine résistance. Il est donc essentiel d'éduquer le public sur ces questions, un point que nous développerons dans les chapitres suivants sur les réformes de l'éducation. Les histoires de l'implication de l'IA dans des pratiques déloyales ou même des accidents impliquant des véhicules autonomes peuvent laisser des impressions durables. Ces cas soulignent le fait que même des incidents isolés d'échec ou de mauvaise utilisation peuvent alimenter une résistance généralisée et contrecarrer les efforts déployés en vue de l'acceptation.

Les environnements réglementaires jouent également un rôle crucial. Lorsque les gouvernements font preuve d'enthousiasme à l'égard de l'IA et mettent en œuvre des politiques de soutien, ils signalent à la population un certain niveau de sécurité et de fiabilité. En revanche, l'absence de réglementation ou les rapports faisant état d'une mauvaise utilisation de la technologie de l'IA par le gouvernement peuvent susciter la méfiance et la résistance au sein de la société.

Les avantages économiques—bien que persuasifs—ne sont pas la panacée pour vaincre la résistance. Même dans les scénarios où l'IA contribue à la croissance économique, si la richesse générée n'est pas perçue comme étant distribuée équitablement, la résistance sociale peut persister. Ainsi, le récit des avantages de l'IA doit être inclusif et équitable pour favoriser une acceptation plus large.

Les attitudes à l'égard de l'IA sont également invariablement liées à l'image que les médias donnent de la technologie. Les titres sensationnels et les récits dystopiques de la fiction peuvent influencer indûment la perception du public. Pour cultiver une vision équilibrée, il est impératif que les informations exactes et les exemples de réussite de l'IA soient également au premier plan de la couverture médiatique.

L'engagement et la participation du public dans les processus de développement de l'IA peuvent contribuer à atténuer les craintes. Lorsque les gens ont le sentiment d'avoir leur mot à dire sur la manière dont l'IA est intégrée dans leur vie, ils ont tendance à mieux l'accepter. En tant que société, l'inclusion de diverses voix à la table de discussion sur l'IA n'est pas seulement souhaitable, mais nécessaire pour une intégration harmonieuse.

A mesure que nous avançons, la dynamique de l'acceptation et de la résistance sociales continuera d'évoluer. L'IA n'est pas simplement une révolution technologique ; il s'agit d'une transformation sociétale qui nécessite de l'empathie, du dialogue et une action réfléchie. La défense des intérêts et l'ouverture des canaux de communication sont les fondements qui permettent de naviguer dans les eaux de la résistance et de planter les graines de l'acceptation.

En fin de compte, l'interaction entre l'acceptation et la résistance est une histoire d'engagement humain avec l'innovation. Comme toute avancée technologique majeure dans l'histoire, l'IA présente à la fois des défis et des opportunités. L'exploitation des possibilités tout en relevant judicieusement les défis déterminera la trajectoire de l'acceptation de l'IA dans la société. Les chapitres suivants examineront plus en détail la manière dont nous pouvons faciliter les avantages inclusifs de l'IA et combler la fracture numérique, façonnant ainsi un avenir où l'IA deviendra une partie intégrante et digne de confiance de notre tissu sociétal.

Faciliter les avantages inclusifs de l'IA

Alors que notre exploration du rôle de l'IA dans la société s'approfondit, un défi majeur consiste à s'assurer que les avantages de l'IA ne deviennent pas un privilège pour une poignée de privilégiés, mais un bénéfice partagé par tous. Une IA inclusive est primordiale non seulement pour éviter d'exacerber les inégalités existantes, mais aussi pour les réduire activement. Cela implique une approche à multiples facettes, depuis la conception des technologies d'IA jusqu'à leur déploiement et au-delà.

Tout d'abord, l'inclusivité exige que les systèmes d'IA soient conçus en tenant compte de la diversité. Il ne suffit pas que ces systèmes fonctionnent efficacement ; ils doivent le faire d'une manière qui serve équitablement les diverses populations. S'ils sont formés sur des ensembles de données qui ne reflètent pas tout le spectre de l'humanité, des préjugés fausseront inévitablement leur fonctionnement, ce qui se traduira par une inégalité des services et des opportunités.

Deuxièmement, lorsque nous envisageons le développement et la maintenance des systèmes d'IA, nous devons encourager la participation d'individus de toutes les couches de la société. Un groupe plus diversifié de créateurs et de responsables de la maintenance garantit qu'un plus large éventail de problèmes est prévu et traité avant que les produits n'atteignent le public. La possibilité de contribuer renforce également les communautés et stimule l'innovation à partir de perspectives variées, favorisant ainsi de meilleures solutions en matière d'IA. La connaissance, c'est le pouvoir, et simplifier les principes de base de l'IA pour qu'ils soient accessibles à tous signifie qu'un plus grand nombre d'individus peuvent comprendre, s'engager et potentiellement façonner la conversation sur l'IA. Cultiver une population avertie en matière d'IA est un pas en avant vers un écosystème d'IA inclusif.

De plus, une législation significative est essentielle. Les gouvernements doivent adopter des politiques qui encouragent la création et l'adoption d'une IA inclusive. Cela inclut l'établissement de normes pour la collecte de données et les processus de formation à l'IA qui favorisent la diversité et l'équité, ainsi que des cadres réglementaires qui tiennent les entreprises responsables de l'impact social de leurs systèmes d'IA.

L'investissement dans l'infrastructure est un autre pilier pour permettre des avantages inclusifs de l'IA. Sans un accès adéquat à l'internet et aux ressources numériques, de nombreuses personnes ne pourront pas bénéficier des avantages que l'IA peut offrir. L'extension de l'infrastructure numérique aux communautés rurales et mal desservies est essentielle pour combler ce déficit d'accès.

Dans le même ordre d'idées, les secteurs privé et public doivent collaborer pour rendre les services et produits liés à l'IA plus abordables. Si la technologie de l'IA reste hors de portée financière pour beaucoup, ses avantages resteront concentrés parmi ceux qui peuvent se l'offrir. Les subventions, la tarification échelonnée et les solutions financières innovantes peuvent jouer un rôle à cet égard.

En ce qui concerne l'emploi et l'IA, il est essentiel de créer des passerelles pour les personnes dont les emplois risquent le plus d'être supplantés par l'IA. Les programmes de requalification et d'amélioration des compétences doivent être accessibles et abordables pour offrir à ces travailleurs de nouvelles opportunités dans l'économie émergente. Les organisations peuvent elles aussi apporter leur contribution en investissant dans l'apprentissage et l'adaptation continus de leurs employés.

L'accès aux soins de santé est un autre domaine où l'IA a le potentiel d'avoir un impact profond. La télémédecine et les outils de diagnostic alimentés par l'IA peuvent atteindre les communautés mal desservies, mais seulement si la technologie sous-jacente prend en compte et s'adapte aux environnements variés et aux diversités génétiques qu'elle rencontrera dans différentes populations.

Dans le domaine de l'éducation, l'IA pourrait démocratiser l'apprentissage et adapter les expériences aux besoins individuels, mais cela n'est possible que si tous les étudiants ont un accès égal à ces technologies. Des efforts doivent être déployés pour doter les écoles de différents lieux socio-économiques des outils et de la connectivité dont elles ont besoin pour intégrer l'IA dans leurs environnements d'apprentissage.

Il y a également des considérations relatives à la gouvernance éthique de l'IA. Il est important de savoir qui est présent lorsque des décisions sont prises concernant le développement, l'utilisation et la réglementation de l'IA. Assurer une représentation diversifiée au sein de ces organes permet de contrer les points de vue étroits et les intérêts particuliers, et de promouvoir des décisions qui tiennent compte des implications sociales à grande échelle.

Les campagnes de sensibilisation et d'engagement du public sont également importantes. Elles permettent non seulement d'informer les individus sur les avantages et les risques liés à l'IA, mais aussi d'inviter le public à s'exprimer et à participer. Veiller à ce que chacun puisse s'exprimer dans les conversations sur l'IA est un pas en avant vers l'élaboration d'une technologie au service du bien commun.

La transparence des processus et des systèmes d'IA est un autre facteur nécessaire à l'inclusivité. Les utilisateurs doivent comprendre comment les systèmes d'IA prennent leurs décisions et quelles données ils utilisent. Il ne s'agit pas de les submerger de détails techniques, mais de favoriser la confiance et de permettre aux utilisateurs de tous horizons de s'engager avec l'IA en toute confiance et de manière critique.

Le suivi et l'évaluation continus nous permettent de rester vigilants. À mesure que les technologies d'IA sont mises en œuvre, il est impératif d'étudier leur impact sociétal, d'ajuster et d'améliorer les systèmes lorsque des disparités sont constatées. Il s'agit d'un processus d'amélioration continue et de vigilance pour défendre les valeurs d'inclusion.

En fin de compte, les avantages de l'IA ne peuvent pas seulement servir les résultats économiques ; ils doivent résonner avec l'impératif moral de l'inclusion. Lorsque les systèmes d'IA sont conçus avec empathie, qu'ils fonctionnent dans un cadre législatif équitable et qu'ils sont adoptés par une société informée, engagée et responsabilisée, ils ont le potentiel de cocréer un avenir où la prospérité est accessible à tous.

En résumé, si le potentiel de l'IA est illimité, il devrait en être de même pour l'accès à ses avantages. À mesure que nous avançons, il est de notre responsabilité collective de veiller à ce que les technologies de l'IA soient exploitées non seulement pour révolutionner les industries et les économies, mais aussi pour élever chaque membre de la société, afin de créer un avenir partagé et durable, enrichi par une technologie intelligente et inclusive.

Les technologies de l'IA ont un potentiel énorme.

Réduire la fracture numérique

Dans la vaste étendue de l'intégration de l'IA dans la société, un défi critique émerge : la fracture numérique—un terme symbolisant le fossé entre les démographies et les régions qui ont accès aux technologies modernes de l'information et de la communication et celles qui n'y ont pas accès. Cette fracture englobe non seulement l'accessibilité des technologies physiques, mais aussi la capacité à les utiliser efficacement. Dans cette section, nous explorons en profondeur la manière dont l'IA peut être un outil permettant de réduire cette fracture, en traçant une voie vers une plus grande équité numérique.

Les initiatives visant à combler la fracture numérique sont multiples et nécessitent un mélange de politiques publiques, de réformes de l'éducation et de solutions technologiques novatrices. Le point de départ consiste souvent à améliorer l'infrastructure qui permet une plus grande connectivité. Il s'agit notamment d'étendre l'accès à l'internet à haut débit aux communautés mal desservies, souvent dans des régions rurales ou pauvres. Les progrès de l'IA peuvent rationaliser le déploiement de ces infrastructures, en prédisant les zones les plus propices à l'installation de l'internet à haut débit à l'aide de vastes ensembles de données englobant des facteurs géographiques et socioéconomiques.

Au-delà de la connectivité, l'accès à un matériel approprié est nécessaire pour que les individus puissent interagir avec les services pilotés par l'IA. La subvention d'appareils pour les ménages à faible revenu pourrait démocratiser les avantages de la révolution numérique. En mettant en œuvre l'IA dans la fabrication et la logistique de la chaîne d'approvisionnement, ces technologies peuvent être rendues plus abordables et donc plus accessibles. En outre, les plateformes éducatives d'IA ont le potentiel de personnaliser les expériences d'apprentissage, rendant la culture numérique plus accessible à tous les niveaux de la société.

L'éducation joue un rôle fondamental dans la réduction de la fracture numérique. La connaissance et l'aisance avec les outils numériques sont primordiales pour que les gens puissent utiliser tout le potentiel de l'IA. Les programmes éducatifs ciblant divers groupes d'âge peuvent développer des compétences qui permettent un engagement significatif avec la technologie. L'IA peut améliorer ces stratégies éducatives grâce à des systèmes d'apprentissage adaptatifs qui s'adaptent au rythme et au style de l'individu, offrant un modèle d'éducation sur mesure qui rappelle le tutorat privé.

Les bibliothèques locales et les centres communautaires ont été les bastions traditionnels de l'éducation communautaire, et ils ont également un rôle à jouer dans ce domaine. Ces centres peuvent devenir des points d'accès à l'internet à haut débit et aux outils éducatifs de l'IA, en proposant des ateliers et des ressources aux membres de la communauté. En exploitant l'IA pour personnaliser l'expérience d'apprentissage, ces centres communautaires peuvent faciliter l'apprentissage tout au long de la vie et la maîtrise du numérique.

L'engagement avec le secteur privé est crucial pour combler le fossé. Les partenariats avec les entreprises technologiques peuvent fournir le matériel et les logiciels nécessaires à moindre coût ou dans le cadre d'initiatives de responsabilité sociale des entreprises. Ces collaborations peuvent également déboucher sur des approches novatrices en matière de distribution des technologies, telles que la mise en œuvre de programmes de prêt d'appareils ou de plateformes d'échange de technologies subventionnées, garantissant ainsi que l'accès aux appareils dotés d'IA n'est pas réservé aux riches.

La représentation est importante dans le domaine du développement de l'IA. L'inclusion d'un éventail diversifié de voix dans la conception et la prise de décision en matière d'IA garantit que les résultats de l'IA sont bien adaptés à une population plus large. Les politiques de recrutement de l'industrie technologique doivent donc être axées sur la diversité afin de puiser dans un vivier de talents qui reflète la mosaïque mondiale des utilisateurs finaux de l'IA, contribuant ainsi à réduire la fracture numérique. Les initiatives de recyclage et d'amélioration des compétences sont impératives à mesure que l'IA transforme les marchés de l'emploi, en veillant à ce que les travailleurs ne soient pas laissés pour compte. Des programmes de formation à l'IA sur mesure peuvent tracer des voies de développement de carrière, en alignant les compétences de la main-d'œuvre sur les besoins évolutifs de l'économie numérique et en favorisant une culture de l'apprentissage continu.

Les gouvernements ont un rôle central à jouer pour faire de l'IA un bien public plutôt qu'une source d'inégalités supplémentaires. Les politiques visant à fournir un accès équitable aux ressources de l'IA, à améliorer la culture numérique et à encourager l'innovation peuvent jeter les bases de l'inclusion numérique. Les gouvernements peuvent encourager le développement et la diffusion de l'IA par le biais de subventions et d'allègements fiscaux, en soutenant des projets visant à réduire la fracture numérique.

Les organisations à but non lucratif et les organisations internationales ont également un rôle important à jouer, en servant de passerelles entre les gouvernements, les entreprises et les communautés sous-représentées. En alignant leurs efforts sur les objectifs de développement durable (ODD), en particulier l'ODD 9 (industrie, innovation et infrastructure) et l'ODD 10 (réduction des inégalités), ces organisations peuvent orienter le rôle de l'IA dans la création de sociétés inclusives et résilientes.

La vie privée et la sécurité sont des préoccupations majeures pour tous, mais elles sont particulièrement importantes pour les populations vulnérables qui découvrent les technologies numériques. Les systèmes d'IA peuvent être conçus avec des mesures de sécurité robustes qui protègent contre les violations de données et les utilisations abusives. L'éducation à la citoyenneté numérique, qui comprend la compréhension des droits numériques, des responsabilités et des pratiques de sécurité, est indispensable dans tout programme visant à réduire la fracture numérique.

Les initiatives locales ne doivent pas être sous-estimées dans leur capacité à catalyser le changement. Les mouvements de base fournissent des informations uniques sur les besoins de populations spécifiques et ont la capacité de s'adapter et d'élaborer des solutions rapidement. L'association des connaissances locales et des capacités analytiques de l'IA peut déboucher sur des interventions ciblées qui répondent aux défis spécifiques rencontrés par une communauté lorsqu'elle accède à la technologie.

Les campagnes de sensibilisation du public peuvent souligner l'importance de l'inclusion technologique, en créant un impératif sociétal d'agir. En racontant des histoires et en diffusant des études de cas, les succès des efforts de rapprochement peuvent inspirer d'autres actions et investissements pour réduire la fracture numérique. La mise en évidence de l'impact de l'IA sur la vie des gens lorsqu'elle permet de franchir le gouffre numérique peut galvaniser le soutien du public et la défense des initiatives d'inclusion numérique.

La coopération internationale est primordiale pour lutter contre la fracture numérique à l'échelle mondiale. Le partage des connaissances, les partenariats transfrontaliers et les stratégies harmonisées peuvent garantir que les innovations en matière d'IA sont mises à profit pour favoriser l'équité numérique à l'échelle mondiale. Les forums mondiaux consacrés à l'IA et à l'éthique technologique peuvent être des lieux privilégiés pour favoriser ce type de dialogue et de coordination à l'échelle internationale.

Enfin, le suivi et l'évaluation du rôle de l'IA dans la réduction de la fracture numérique requièrent une attention constante. Les évaluations fondées sur des données qui mesurent l'impact des initiatives sont essentielles pour comprendre ce qui fonctionne et ce qui ne fonctionne pas. Des ajustements et un renforcement des programmes efficaces peuvent être effectués, perpétuant ainsi un cycle d'amélioration continue visant à éliminer définitivement la fracture numérique.

En examinant le récit de l'intégration de l'IA dans la société, la réduction de la fracture numérique apparaît comme un impératif moral. Alors que nous nous enfonçons dans l'ère de l'IA augmentée, les efforts concertés des gouvernements, des entreprises, des entités à but non lucratif et des communautés peuvent structurer le paysage technologique pour qu'il soit inclusif, riche en opportunités et un domaine où l'équité est la norme, et non l'exception. C'est cette intersection de la technologie et de l'humanité qui définira la façon dont l'histoire de l'IA se déroulera dans la vie des individus à travers tous les spectres de la société.

Il n'y a pas de raison de s'inquiéter.

Chapitre 5 :
Protection des données et
de la vie privée

près avoir reconnu le réseau complexe d'implications sociétales dans le paysage de l'IA, nous ne pouvons pas négliger l'une des considérations les plus critiques : la sauvegarde des données personnelles et de la vie privée. À une époque où les données sont considérées comme le nouveau pétrole, elles alimentent les progrès de l'IA mais soulèvent également des inquiétudes quant à leur utilisation abusive potentielle. Les citoyens du monde entier s'inquiètent à juste titre de la manière dont leurs informations sensibles sont traitées, partagées et protégées, ce qui suscite un discours pressant sur le droit à la vie privée. Les méthodes de chiffrement robustes et les techniques d'anonymisation sont devenues indispensables pour protéger les données contre les violations, mais elles entrent parfois en conflit avec la volonté d'exploiter pleinement le potentiel de l'IA. En tant que gardiens de technologies aussi puissantes, nous avons la responsabilité de mettre en place des cadres de gouvernance des données durables qui préservent l'intégrité des droits individuels sans étouffer l'innovation. Ce chapitre est une plongée profonde dans les eaux tumultueuses de la protection des données, où nous naviguerons à travers la tempête des dilemmes éthiques et nous dirigerons vers des mers plus calmes où la vie privée n'est pas seulement une réflexion après coup mais une pierre angulaire de l'environnement de l'IA.

La protection de la vie privée est un élément essentiel de l'environnement de l'IA.

L'équilibre entre l'innovation et le droit à la vie privée

Lorsque nous nous penchons sur les complexités de la protection des données et des préoccupations en matière de vie privée, un équilibre critique émerge—un équilibre qui pose un défi tant aux innovateurs qu'aux responsables de l'élaboration des politiques. Cet équilibre concerne l'harmonisation des progrès technologiques avec les droits fondamentaux des individus en matière de protection de la vie privée. Alors que l'IA promet une ère de croissance et d'opportunités sans précédent, elle se situe sur une ligne fine qui pourrait potentiellement porter atteinte à la vie privée de ses utilisateurs.

L'évolution rapide des technologies de l'IA a apporté d'énormes capacités d'analyse, de prédiction et d'influence du comportement humain. Ces capacités, aussi convaincantes soient-elles, doivent être soigneusement mises en balance avec le droit des individus à conserver le contrôle de leurs informations personnelles. Les valeurs sociétales exigent la préservation de l'autonomie personnelle, même dans le tourbillon de la transformation numérique.

L'un des aspects fondamentaux de cet équilibre est le consentement. Les innovateurs et les créateurs de systèmes d'IA doivent veiller à obtenir le consentement éclairé des personnes lorsque leurs données sont collectées, traitées ou partagées. La transparence sur la manière dont les données sont utilisées et dans quel but est cruciale, car elle permet aux utilisateurs de conserver un certain niveau de contrôle et de compréhension de leur empreinte numérique. Le concept de Privacy by Design—un concept qui préconise l'intégration de la protection de la vie privée dans la technologie dès le départ, plutôt que de l'ajouter ultérieurement—est plus pertinent que jamais. Cette approche exige une planification méticuleuse et un changement de paradigme dans la façon dont nous concevons l'innovation.

La minimisation des données est un autre principe clé, qui préconise la collecte et le stockage des seules données nécessaires à une fin précise. Les systèmes d'IA ont souvent la capacité d'extraire plus d'informations que nécessaire pour leur fonction, ce qui crée des risques de collecte excessive de données qui peuvent être intrusives.

Il est essentiel que les cadres juridiques suivent le rythme des avancées technologiques pour protéger efficacement les droits à la vie privée. À mesure que les systèmes d'IA deviennent plus sophistiqués, la réglementation doit évoluer pour tenir compte des complexités des nouveaux écosystèmes de données. L'application de la loi est cruciale, mais elle exige des gouvernements et des organismes internationaux qu'ils soient proactifs, plutôt que réactifs, dans leurs efforts législatifs.

L'un des aspects les plus controversés de l'innovation en matière d'IA est sa capacité à exploiter le big data pour le profilage et l'analyse prédictive. Si ces méthodes peuvent ouvrir d'incroyables possibilités de personnalisation et d'efficacité, elles soulèvent également des inquiétudes quant au potentiel de surveillance et à la perte d'anonymat. Le développement éthique de l'IA doit donc s'accompagner de limites strictes pour empêcher l'utilisation abusive des profils personnels.

L'autonomisation des utilisateurs est un atout précieux dans la recherche d'un équilibre entre vie privée et innovation. Il est essentiel de donner aux utilisateurs les outils et les connaissances nécessaires pour gérer leurs paramètres de confidentialité, comprendre les processus de collecte de données et discerner les intentions qui se cachent derrière les interactions de l'IA. Cette responsabilisation renforce la confiance du public dans les technologies de l'IA et encourage une utilisation responsable.

En outre, le rôle de l'éducation dans ce domaine ne peut être sous-estimé. La sensibilisation de la population générale à ses droits et aux implications de l'IA sur ces droits est primordiale. Les initiatives éducatives devraient viser à démystifier la technologie et à élucider la valeur de la vie privée dans un monde numérique.

L'anonymisation et la pseudonymisation sont des techniques de plus en plus utilisées dans les systèmes d'IA comme moyen de protéger la vie privée des individus. Ces outils, lorsqu'ils sont appliqués efficacement, peuvent réduire les risques associés aux violations et à l'utilisation abusive des données personnelles. Toutefois, il est important de reconnaître que ces méthodes ne sont pas infaillibles et que les progrès constants des capacités de l'IA peuvent remettre en question leur fiabilité. Les systèmes d'IA doivent être conçus avec des limites claires concernant l'utilisation prévue des données. Toute tentative d'utiliser les données à des fins secondaires qui n'ont pas été expressément acceptées par les personnes concernées doit être strictement limitée, afin de garantir la fidélité aux conditions initiales du consentement aux données.

L'encouragement de l'innovation éthique nécessite la création d'environnements dans lesquels les développeurs et les entreprises sont récompensés non seulement pour leurs travaux novateurs, mais aussi pour leurs pratiques responsables. Encourager une culture de développement technologique éthique, où les protections de la vie privée sont considérées comme un avantage concurrentiel, peut stimuler un changement positif à l'échelle de l'industrie.

Enfin, le dialogue entre l'innovation et le droit à la vie privée n'est pas statique. Alors que l'IA continue d'évoluer, notre compréhension et nos protections de la vie privée doivent également évoluer. Un suivi et une évaluation continus, y compris des évaluations d'impact pour les déploiements de l'IA, peuvent garantir le maintien de l'équilibre, même si de nouvelles technologies émergent.

Il convient de souligner que les solutions ne peuvent pas reposer uniquement sur les épaules des technologues et des régulateurs. Un consensus sociétal sur la valeur de la vie privée à l'ère numérique, ainsi que l'engagement actif des individus et des groupes de défense, cimenteront les fondations qui protègent notre droit à la vie privée face à l'innovation incessante.

En conclusion, l'équilibre entre l'innovation et le droit à la vie privée dans le domaine de l'IA n'est ni rapide, ni simple. Il s'agit d'un processus délibéré, qui exige collaboration, prévoyance et attachement constant aux droits individuels et aux valeurs sociétales. À mesure que nous avançons, cette approche équilibrée constituera la pierre angulaire de l'intégration éthique de l'IA, promettant à la fois le progrès de la technologie et la protection de la vie privée à l'ère numérique.

Modèles de gouvernance des données

En tant qu'élément essentiel du cadre qui permet l'utilisation responsable de l'intelligence artificielle, les modèles de gouvernance des données sont vitaux pour garantir que les données sont traitées d'une manière qui protège la vie privée, maintient l'intégrité et conserve la confiance de toutes les parties prenantes impliquées. Au sein de cet écosystème, divers modèles de gouvernance des données ont vu le jour, chacun étant adapté aux exigences des différents types d'organisations et d'environnements réglementaires.

Les modèles de gouvernance des données sont les plans directeurs de la gestion des actifs de données, et ils guident les organisations sur la manière de collecter, stocker, gérer, partager et protéger les données. Ces modèles sont essentiels car ils permettent de maintenir la qualité des données et les normes de gestion des données tout au long de leur cycle de vie. Sans un cadre de gouvernance solide, les ensembles de données vastes et complexes qui alimentent les systèmes d'IA peuvent rapidement devenir ingérables et conduire à des décisions mal informées, à des violations potentielles et à l'érosion de la confiance des utilisateurs.

L'un des modèles fondamentaux de gouvernance des données est le *Modèle de gouvernance centralisée*. Cette approche se caractérise par un point d'autorité unique au sein d'une organisation qui définit et applique les normes de gestion des données. Ce modèle offre clarté et cohérence dans le traitement des données, mais peut parfois être moins agile pour s'adapter aux changements rapides typiques des initiatives axées sur l'IA.

En revanche, le *Modèle de gouvernance décentralisée* répartit les responsabilités en matière de gouvernance des données entre différentes unités organisationnelles. Bien que cette approche décentralisée puisse améliorer l'agilité et répondre aux besoins spécifiques des départements, elle peut entraîner des incohérences dans le traitement des données si elle n'est pas coordonnée efficacement.

Un autre modèle influent est le *Modèle de gouvernance hybride*, qui combine des éléments de la gouvernance centralisée et décentralisée. Il cherche à trouver un équilibre entre les deux, en offrant une standardisation là où c'est nécessaire, tout en laissant aux différents départements ou unités d'affaires la flexibilité nécessaire pour répondre à leurs besoins uniques en matière de données.

Le *Data Stewardship Model* découle de la nécessité d'un contrôle granulaire sur les données. Dans cette approche, des gestionnaires de données sont nommés pour superviser les actifs de données à un niveau détaillé. Les responsables sont généralement des experts dans leur domaine, qui veillent à ce que les données soient utilisées de manière responsable et stratégique pour atteindre les objectifs de l'organisation.

Le *Modèle de gouvernance fédérée* s'oriente vers une structure de gouvernance coordonnée mais séparée, où différentes unités d'une organisation s'alignent sur un ensemble commun de normes et de pratiques, tout en conservant leur autonomie. Cette approche collaborative trouve souvent sa place dans les grands conglomérats ou les sociétés multinationales qui doivent se conformer à divers environnements juridiques et réglementaires.

Au delà des frontières organisationnelles traditionnelles, le *Modèle de données ouvertes* encourage la transparence et l'accessibilité. Les entités du secteur public et les organisations internationales utilisent souvent ce modèle pour fournir des ensembles de données accessibles au public à des fins de recherche, de développement et autres, favorisant ainsi l'innovation et l'engagement civique.

Le *Modèle de conformité réglementaire* est axé sur le respect des lois et des réglementations. Les entreprises qui opèrent dans des secteurs très réglementés, tels que la finance et la santé, adoptent souvent ce modèle pour s'assurer qu'elles respectent les obligations légales concernant le traitement des données sensibles.

Dans le contexte de l'IA, un modèle de gouvernance qui gagne en popularité est le *Modèle de gouvernance de l'IA responsable*. Ce cadre met l'accent sur les considérations éthiques dans le cycle de vie des données et la conception des systèmes d'IA, en prônant l'équité, la responsabilité et la transparence. Il préconise l'intégration de principes éthiques à chaque étape du processus de développement de l'IA, de la collecte des données au déploiement du modèle.

Les organisations soucieuses de l'environnement commencent à s'intéresser au *Modèle de gouvernance durable des données*. Ce modèle associe les pratiques en matière de données à la durabilité environnementale, en préconisant des pratiques efficaces de stockage, de traitement et d'élimination des données qui minimisent l'empreinte carbone et favorisent l'utilisation écologique des ressources liées aux données.

En outre, l'augmentation du volume et de la variété des données a ouvert la voie au *Big Data Governance Model*, qui est conçu pour gérer les complexités associées aux ensembles de données à grande échelle. Ce modèle met l'accent sur l'importance de la qualité et de l'intégrité des données, ainsi que sur l'intégration d'analyses avancées afin de tirer des enseignements précieux de vastes ensembles de données.

Chacun de ces modèles de gouvernance des données doit prendre en compte les intérêts souvent contradictoires de l'innovation et de la gestion des risques. L'objectif est de permettre aux organisations d'exploiter efficacement leurs données pour des initiatives d'IA tout en veillant à ce que toutes les précautions soient prises pour protéger les données et respecter la vie privée des utilisateurs.

L'interconnectivité dans le monde moderne a également conduit au développement du *Modèle de gouvernance inter-organisationnelle*, où la gouvernance des données s'étend au-delà des frontières d'une seule entité. Ce cadre de collaboration implique que plusieurs organisations s'accordent sur des normes de gouvernance partagées, ce qui est crucial pour les projets d'IA qui s'appuient sur des ensembles de données agrégées ou mises en commun.

La mise en œuvre d'un modèle de gouvernance des données efficace nécessite une stratégie sur mesure qui tient compte de la culture organisationnelle, de l'infrastructure technologique, des types de données, des exigences réglementaires et des objectifs spécifiques des systèmes d'IA qui seront déployés. Il s'agit d'un processus dynamique et continu, conçu pour s'adapter et évoluer en fonction des changements dans le paysage de l'IA, afin de garantir la pertinence et l'efficacité.

En définitive, le bon modèle de gouvernance des données permet aux organisations d'exploiter tout le potentiel de l'intelligence artificielle en toute sécurité et dans le respect de l'éthique. L'intégration de l'IA dans divers aspects de la vie exige que nous traitions les données sous-jacentes avec la plus grande sensibilité et la plus grande prévoyance, grâce à un cadre de gouvernance clair, structuré et adaptatif.

La convergence d'une gouvernance des données solide et d'une technologie d'IA avancée peut doter les organisations des outils nécessaires non seulement pour innover, mais aussi pour cultiver la confiance, se forger un avantage concurrentiel et contribuer à la croissance et à la gouvernance responsables de l'IA. À mesure que nous avançons dans l'ère de l'intelligence artificielle, l'adoption et le perfectionnement de ces modèles de gouvernance des données deviennent non seulement une démarche stratégique, mais aussi un élément fondamental du déploiement durable et éthique de l'IA.

Le rôle du chiffrement et de l'anonymisation

Alors que nous approfondissons les subtilités de la protection des données et de la vie privée dans le domaine de l'intelligence artificielle (IA), il est essentiel d'examiner d'un œil critique le rôle du chiffrement et de l'anonymisation. Ces deux processus sont essentiels à la protection des informations sensibles et garantissent que les systèmes d'IA traitent de vastes ensembles de données sans compromettre la vie privée des individus.

Les données sont l'élément vital des systèmes d'IA modernes. Elles alimentent les algorithmes d'apprentissage automatique, leur permettant de faire des prédictions précises et d'effectuer des tâches avec un degré d'intelligence qui reflète, et dans certains cas, dépasse les capacités humaines. Toutefois, cette dépendance à l'égard des données pose un problème de taille : comment préserver le caractère sacré des informations personnelles tout en profitant des avantages de l'IA fondée sur les données ?

Le cryptage est l'un des remparts contre l'accès non autorisé aux données personnelles. En transformant les informations dans un format illisible sans une clé ou un code spécifique, le chiffrement garantit que les données interceptées par des parties non intentionnelles restent à l'abri de toute exploitation. Dans le contexte de l'IA, où l'échange et le stockage de données se font à des échelles sans précédent, le chiffrement n'est pas simplement une option, mais une nécessité.

L'intégrité du chiffrement repose sur des algorithmes sophistiqués. La complexité de ces algorithmes doit suivre les progrès informatiques pour contrecarrer les efforts des acteurs malveillants qui cherchent à déchiffrer des informations privées. Alors que l'informatique quantique se profile à l'horizon, promettant de révolutionner les capacités de calcul, les méthodes de cryptage doivent évoluer pour résister à des techniques de décryptage potentiellement révolutionnaires.

L'anonymisation complète le cryptage en supprimant les informations identifiables des ensembles de données, garantissant ainsi que les individus ne peuvent pas être retracés ou identifiés à partir des données. Ce processus est extrêmement pertinent lorsque les systèmes d'intelligence artificielle sont formés sur des ensembles de données contenant des attributs personnels. L'anonymisation permet d'utiliser les données tout en éliminant le risque d'intrusion dans la vie privée.

La confidentialité différentielle est une forme émergente d'anonymisation qui intègre le caractère aléatoire dans le traitement des données. En ajustant très légèrement les informations, la confidentialité différentielle garantit que le résultat d'une analyse n'est pas significativement modifié si les informations d'une personne sont supprimées. Il s'agit là d'un niveau de protection supplémentaire, qui permet aux personnes dont les données font partie du matériel d'apprentissage d'un système d'IA d'avoir l'esprit tranquille.

Cependant, le cryptage et l'anonymisation ne sont pas sans poser de problèmes. La recherche d'un équilibre entre l'utilité et la protection de la vie privée exige une réflexion approfondie. Si les données sont trop cryptées ou anonymisées, elles risquent de perdre leur utilité, ce qui rendrait les algorithmes d'IA moins efficaces ou tout à fait inutilisables. À mesure que l'IA s'intègre dans des secteurs tels que les soins de santé, la finance et les services personnels, l'importance de la protection des informations sensibles s'accroît. Les données de santé, par exemple, contiennent certains des aspects les plus privés de la vie d'une personne. Le potentiel de l'IA pour révolutionner les soins de santé est immense, mais sans un chiffrement robuste et une anonymisation efficace, les détails intimes de la santé d'une personne pourraient être exposés aux éléments impénétrables du monde numérique.

L'élaboration et l'application de politiques et de réglementations sont également essentielles pour guider l'utilisation du chiffrement et de l'anonymisation dans le cadre de l'IA. Les cadres de gouvernance doivent appliquer des normes strictes en matière de protection des données afin de garantir que l'IA fonctionne dans le plus grand respect des droits individuels. Cela signifie également que les praticiens de l'industrie doivent adhérer à des considérations éthiques lorsqu'ils mettent en œuvre des solutions d'IA.

L'éducation joue un rôle central dans l'adoption des méthodes de cryptage et d'anonymisation. Les professionnels travaillant dans le domaine de l'IA doivent posséder les connaissances et les compétences adéquates pour gérer les données en toute sécurité. Cette exigence va au-delà de l'expertise technique et inclut une compréhension des implications éthiques et sociétales des atteintes à la vie privée.

En outre, la sensibilisation du public à la confidentialité des données et aux mesures prises pour la garantir est primordiale. À mesure que les utilisateurs s'engagent dans les technologies pilotées par l'IA, la compréhension des mesures de protection en place, telles que le cryptage et l'anonymisation, leur permet de prendre des décisions éclairées quant à leur participation à ces systèmes.

En ce qui concerne l'anonymisation en particulier, la manière dont les ensembles de données anonymes doivent être traités évolue continuellement. Les progrès technologiques récents permettent la désanonymisation au moyen d'algorithmes sophistiqués et de références croisées entre les ensembles de données, ce qui soulève des inquiétudes quant à l'efficacité à long terme des techniques d'anonymisation actuelles. L'innovation constante dans ce domaine sera essentielle pour garantir que l'anonymisation reste un outil viable pour la préservation de la vie privée.

Alors que les violations et l'utilisation abusive des données continuent de faire la une des journaux, la confiance dans les systèmes d'IA est en suspens. Le cryptage et l'anonymisation ne sont pas seulement des aspects techniques de la gestion des données ; ils sont essentiels à la confiance que la société accorde à l'IA. Sans eux, le potentiel de l'IA pourrait être considérablement paralysé par la réticence du public et des institutions à adopter ces technologies.

En conclusion, le chiffrement et l'anonymisation sont des mécanismes indispensables au sein de l'écosystème de l'IA. Ils sont les gardiens silencieux de la vie privée, travaillant sans relâche en arrière-plan pour permettre aux systèmes d'IA de fonctionner tout en respectant le droit à la vie privée des individus. À mesure que nous continuons à innover et à perfectionner l'IA, l'importance du chiffrement et de l'anonymisation augmentera sans aucun doute, restant au cœur du discours sur l'utilisation responsable et éthique de l'intelligence artificielle.

Chapitre 6 :
Collaboration entre l'homme et l'IA

Après les discussions sur la protection des données et de la vie privée, nous nous intéressons maintenant au potentiel synergique de la collaboration entre l'homme et l'IA. Ce chapitre examine les moyens de transformation par lesquels l'IA peut étendre et améliorer les capacités humaines, en favorisant un environnement dans lequel la somme est supérieure à ses parties. L'IA, lorsqu'elle est conçue avec une intention éthique, devient un multiplicateur de puissance pour le potentiel humain, repoussant les limites de la productivité et de la créativité. Dans ces pages, nous explorons des scénarios dans lesquels les systèmes d'IA travaillent en toute transparence aux côtés de l'intelligence humaine, ouvrant la voie à des professions améliorées et à des vies personnelles enrichies. La fusion de l'intuition humaine et des prouesses informatiques de l'IA ouvre de nouveaux horizons à l'innovation, nous permettant de résoudre des problèmes complexes avec un niveau de précision et d'efficacité inégalé jusqu'à présent. Cependant, en explorant ce nouveau territoire, nous prenons également en compte les implications sociétales à long terme, en nous efforçant de construire un avenir où la collaboration entre l'homme et l'IA est fondée sur l'amélioration mutuelle plutôt que sur le déplacement—où la technologie améliore, renforce et profite à toutes les couches de la société.

La technologie est un élément essentiel de l'innovation.

L'amélioration des capacités humaines grâce à l'IA constitue un chapitre revigorant de l'histoire de l'intelligence artificielle, où la convergence de la technologie avec les compétences et l'intellect humains forme une relation symbiotique, ouvrant la voie à une nouvelle ère de potentiel. C'est dans ce domaine que nous commençons à observer le pouvoir de transformation de l'IA, qui dépasse les limites inhérentes à notre biologie et à notre psychologie, créant une force composite aux capacités inégalées.

L'intégration de l'IA dans les tâches cognitives éclaire cette nouvelle frontière. La prise de décisions complexes, autrefois l'apanage d'experts hautement qualifiés, peut désormais être renforcée par la précision analytique de l'IA, ce qui nous offre la possibilité de trouver des solutions aux problèmes avec une rapidité et une précision jusqu'alors inégalées. Dans des secteurs tels que la finance, les algorithmes d'IA analysent de vastes ensembles de données pour prédire les tendances du marché, ce qui permet aux conseillers financiers humains de disposer d'informations qui les aident à prendre des décisions d'investissement plus stratégiques et de meilleure qualité. Les chirurgiens opèrent avec une précision robotique, guidés par des systèmes intelligents qui peuvent réduire l'erreur humaine à des niveaux proches de zéro. Ces procédures assistées par l'IA annoncent non seulement de meilleurs résultats pour les patients, mais aussi un changement dans la manière dont les praticiens médicaux sont formés et dont ils affinent leurs compétences au fil du temps. L'IA ne remplace pas le chirurgien, mais renforce ses capacités, transformant des années de connaissances et d'expérience médicales en un effort de collaboration avec la technologie.

Par ailleurs, les limites physiques qui semblaient autrefois insurmontables sont de plus en plus transcendées avec l'aide de l'IA. Les exosquelettes et les prothèses intégrés à des systèmes intelligents redéfinissent la mobilité et la dextérité. Les personnes qui ont perdu un membre ou qui sont nées avec un handicap découvrent une nouvelle indépendance, et la frontière entre les capacités humaines et l'IA s'estompe merveilleusement.

L'éducation, elle aussi, est touchée par cette collaboration. Les environnements d'apprentissage personnalisés, alimentés par l'IA, s'adaptent au rythme et au style d'apprentissage de chaque élève, permettant une éducation sur mesure qui optimise les résultats d'apprentissage. L'IA agit comme un tuteur personnel, identifiant les faiblesses et renforçant les concepts jusqu'à ce que la maîtrise soit atteinte, renforçant ainsi le rôle de l'éducateur dans le développement du potentiel.

L'IA renforce également les capacités humaines de manière moins visible, mais tout aussi significative. Elle est à l'œuvre dans les traductions linguistiques, nous permettant de surmonter les barrières linguistiques et favorisant la communication mondiale. Elle s'intègre à nos appareils, fournissant des assistants à commande vocale et des entrées de texte prédictives, rationalisant nos interactions et renforçant notre productivité.

Le domaine de la créativité n'est pas à l'abri de la touche de l'IA. Les artistes et les concepteurs utilisent les outils de l'IA pour explorer de nouveaux territoires esthétiques, créant des œuvres d'art, de la musique et de la littérature qui fusionnent l'imagination humaine et la complexité algorithmique. Le résultat est non seulement techniquement impressionnant, mais souvent évocateur, repoussant les limites de notre définition de la créativité et de ses origines.

Sur le lieu de travail, l'automatisation cognitive transforme la manière dont nous abordons les tâches routinières. Les processus bureaucratiques qui nécessitaient des heures d'attention humaine peuvent désormais être exécutés en quelques minutes par des systèmes intelligents, ce qui permet aux employés de se concentrer sur des fonctions de plus haut niveau qui exigent de la perspicacité et de la créativité de la part de l'homme. Il ne s'agit pas de remplacer la main-d'œuvre, mais d'enrichir les emplois par des activités plus significatives.

L'augmentation progressive de nos sens grâce à la RA (réalité augmentée) et à la RV (réalité virtuelle) est un autre exemple de la manière dont l'IA enrichit l'expérience humaine. Ces technologies, soutenues par l'IA, permettent des expériences immersives qui améliorent la formation, le divertissement et l'exploration de mondes numériques qui relevaient autrefois de la science-fiction.

Les systèmes de sécurité basés sur l'IA dans les véhicules montrent comment la technologie peut agir comme une extension des réflexes et de l'intuition humains, en contribuant à réduire les accidents et à améliorer les capacités des conducteurs. À mesure que la technologie de la conduite autonome évolue, elle transforme le paysage des transports, alliant la précision des machines à la surveillance humaine pour créer des routes plus sûres et plus efficaces.

Même dans nos maisons, les systèmes intelligents apprennent nos préférences et adaptent notre environnement à notre confort, ce qui nous permet de vivre plus efficacement et avec plus de facilité. Ils nous aident à gérer la consommation d'énergie, à assurer la sécurité et même à anticiper nos besoins – une amélioration invisible mais inestimable de notre vie quotidienne.

Mais un grand pouvoir s'accompagne d'une grande responsabilité. Les considérations éthiques doivent être au premier plan à mesure que l'IA continue de s'imbriquer dans les capacités humaines. L'impératif moral d'utiliser cette technologie pour le plus grand bien et de garantir l'équité de ses avantages est primordial.

La formation et l'éducation doivent également évoluer pour suivre le rythme de ces changements. À mesure que l'IA redéfinit divers rôles, l'apprentissage continu devient une nécessité, garantissant que la main-d'œuvre peut effectuer une transition en douceur dans ce monde augmenté par l'IA.

Cette ère pionnière n'est pas sans défis, mais le récit du progrès humain a toujours été celui d'un dépassement d'obstacles. L'alliance entre l'intelligence humaine et l'intelligence artificielle promet de débloquer de nouveaux niveaux de réussite, et il nous appartient de guider ce partenariat vers un avenir qui reflète nos valeurs et nos aspirations les plus élevées.

Les implications sont vastes et complexes, mais le potentiel de bienfaits est énorme. En libérant les capacités de l'IA pour améliorer les nôtres, nous entrons dans un avenir qui n'est pas seulement automatisé, mais amplifié – un monde où notre potentiel humain n'est pas remplacé, mais au contraire libéré de concert avec les machines que nous'avons créées. L'avenir de cette symbiose est aussi passionnant qu'incertain, et il est de notre responsabilité collective de contribuer à le façonner pour le mieux-être de tous.

L'avenir de cette symbiose est aussi passionnant qu'incertain.

Conception éthique de l'IA centrée sur l'homme

Alors que nous nous plongeons dans le domaine vaste et complexe de l'intelligence artificielle, la conception éthique de l'IA centrée sur l'homme est un sujet essentiel qui se trouve au cœur de l'innovation responsable. On ne saurait trop insister sur l'importance de créer des systèmes d'IA qui répondent au large éventail de besoins de l'humanité et, surtout, qui s'alignent sur nos valeurs morales collectives. La notion d'IA centrée sur l'humain implique une approche de la conception qui donne la priorité à la dignité, à l'action et aux intérêts de l'homme face à l'évolution rapide des capacités de l'IA. Elle repose sur l'idée que la technologie doit accroître le potentiel humain, et non l'affaiblir ou le remplacer. En tant que créateurs et régulateurs de l'IA, nous devons nous interroger non seulement sur ce que l'IA peut faire, mais aussi sur ce qu'elle devrait faire pour améliorer l'expérience humaine.

Lorsque l'on se lance dans la conception de systèmes d'IA, il faut d'abord prendre en compte l'impact sur les droits de l'homme. Le droit à la vie privée, la liberté d'expression et le droit de ne pas subir de discrimination sont des éléments fondamentaux qui doivent être intégrés dans les systèmes d'IA. Pour que l'IA soit véritablement centrée sur l'homme, nous devons intégrer ces garanties à tous les niveaux de son architecture et de son fonctionnement. Cette couche de prévoyance éthique est essentielle pour faire progresser l'IA qui protège, plutôt que de mettre en péril, nos droits humains communs.

La transparence est une autre pierre angulaire de la conception de l'IA centrée sur l'humain. Comment les individus peuvent-ils faire confiance aux décisions prises par l'IA s'ils ne peuvent pas comprendre les processus qui conduisent à ces décisions ? Cette transparence va au-delà de l'explication de l'aspect technique des opérations d'IA. Elle doit inclure la clarté sur la manière dont l'IA sera utilisée, les valeurs qu'elle est programmée pour privilégier et la manière dont elle interagit avec d'autres normes sociales et éthiques dans divers contextes.

L'obligation de rendre des comptes recoupe la transparence et offre un autre niveau de considération éthique. Qui est responsable lorsqu'un système d'IA cause des dommages ou agit de manière inattendue ? Une approche de l'IA centrée sur l'humain garantit la mise en place de mécanismes de responsabilité. Il peut s'agir d'établir des lignes de responsabilité claires au sein des organisations qui déploient l'IA, de veiller à ce qu'il y ait un humain dans la boucle pour les processus décisionnels critiques, ou de développer des systèmes d'audit robustes pour surveiller les comportements de l'IA.

Il est fondamental d'intégrer l'inclusivité au cours des processus de conception pour créer une IA au service de tous. Des équipes diverses devraient être impliquées dans le développement de l'IA afin d'anticiper l'impact que les technologies pourraient avoir sur différents groupes. L'inclusion dans la conception de l'IA permet de détecter et de minimiser les préjugés qui découlent involontairement du fait que des équipes de développement homogènes ne tiennent pas compte des expériences des groupes marginalisés.

Les préjugés et l'équité doivent être pris en compte tout au long du cycle de vie d'un système d'IA. De la collecte initiale des données au codage des algorithmes et au résultat final, il est essentiel de procéder à un examen minutieux pour éviter de renforcer les inégalités sociétales. Il est essentiel de veiller à ce que les ensembles de données soient diversifiés et représentatifs, tout en atténuant les préjugés grâce à des techniques d'équité algorithmique.

L'empathie doit également être insufflée dans les systèmes d'IA. Alors que les machines sont dépourvues de conscience, l'IA centrée sur l'humain nécessite la prise en compte des émotions et des conditions humaines. L'expérience de l'utilisateur devrait englober l'intelligence émotionnelle, de sorte que les systèmes d'IA reconnaissent les émotions humaines et y répondent de manière appropriée, renforçant ainsi le rôle de la machine en tant que partenaire plutôt que simple outil.

Le respect de l'autonomie dans les systèmes d'IA est axé sur l'autonomisation des individus plutôt que sur leur contrôle. L'IA doit soutenir la prise de décision, fournir des options et informer, mais le jugement final doit appartenir aux humains, en veillant à ce que l'IA reste un outil grâce auquel les individus exercent leur propre volonté et leurs préférences.

Enfin, l'IA doit s'efforcer de faire progresser le bien-être de la société. Ses applications doivent être examinées sous l'angle du bien commun, en s'alignant sur les objectifs de durabilité environnementale, de bien-être social et de prospérité économique. Cette vision élargie du rôle de l'IA encourage une compréhension holistique du progrès, où la technologie améliore la société dans son ensemble et pas seulement quelques privilégiés.

Toutefois, la conception éthique ne consiste pas seulement à atteindre un ensemble de critères statiques ; il s'agit d'un processus continu qui exige une vigilance et une réévaluation constantes. La conception et la réglementation de l'IA doivent évoluer en même temps que les valeurs et les attentes de la société. Un dialogue permanent entre les technologues, les décideurs, les éthiciens et le public est essentiel pour recalibrer la boussole morale qui guide le développement de l'IA.

Le renforcement des partenariats interdisciplinaires est également nécessaire. Les éthiciens, les sociologues, les juristes et les technologues doivent travailler ensemble pour trouver un équilibre entre les possibilités techniques de l'IA, les besoins de la société et les jugements éthiques. Une telle coopération garantit une approche globale de la création de systèmes d'IA centrés sur l'homme.

En outre, l'éducation à la conception éthique de l'IA doit être incorporée dans le programme d'études des technologues et des développeurs d'IA en herbe. En jetant les bases des considérations éthiques dès le début de leur parcours éducatif, on leur inculquera les principes nécessaires à la création d'une IA soucieuse du bien-être humain.

Les politiques et les lignes directrices qui régissent l'IA doivent refléter des valeurs centrées sur l'homme. La législation et les normes industrielles doivent être rédigées dans le but de protéger les individus et les communautés, en exigeant que les systèmes d'IA adhèrent à des normes éthiques avant d'être déployés. En conclusion, la trame de l'IA centrée sur l'humain est tissée de droits, de transparence, de responsabilité, d'inclusion, de réduction des préjugés, d'empathie, d'autonomie, de bien-être sociétal, d'adaptabilité, de collaboration interdisciplinaire et de gouvernance fondée sur des principes. En adhérant à ces normes, nous pouvons envisager et concrétiser un avenir où l'IA non seulement coexiste avec l'humanité, mais renforce, complète et soutient l'essence même de notre esprit humain.

Implications sociétales à long terme — l'intégration de l'intelligence artificielle dans le tissu social exerce une influence profonde et durable sur la façon dont nous vivons, travaillons et interagissons. Les ondulations des progrès actuels de l'IA se transformeront en raz-de-marée de changements dans les décennies à venir. Lorsque nous réfléchissons aux ramifications, il ne s'agit pas seulement de savoir ce que l'IA fera pour nous, mais aussi ce qu'elle fera pour nous, nos institutions et les générations futures. Pour naviguer dans ces eaux, nous devons envisager les implications sociétales à long terme avec un sentiment d'espoir et une charte de responsabilité.

Le monde dans lequel nous vivons se trouve à l'aube d'une révolution de l'intelligence. La capacité de l'IA à apprendre, à raisonner et à s'adapter ne modifie pas seulement la dynamique du pouvoir, mais redéfinit également l'identité et l'existence humaines. La transformation sociétale qui en résulte est inévitable et d'une grande portée. Comme pour toutes les technologies qui définissent une époque, nous devons nous engager sur la voie de l'intégration en tenant compte des conséquences à long terme.

L'une de ces conséquences, souvent débattue et examinée de près, est le phénomène du déplacement des emplois. Traditionnellement, l'automatisation et la technologie ont tendance à créer plus d'emplois qu'elles n'en remplacent. Cependant, l'IA remet en question cette hypothèse grâce à sa capacité à automatiser les tâches cognitives, ce qui nous oblige à envisager non seulement de nouveaux paradigmes d'emploi, mais aussi la nature même du travail. Quelles sortes de nouvelles professions verront le jour, et offriront-elles des opportunités suffisantes et significatives à la main-d'œuvre en évolution ?

Quand les machines apprennent

L'imbrication de l'IA dans la société présente également des défis uniques pour les systèmes éducatifs du monde entier. À mesure que les technologies de l'IA s'intègrent dans divers secteurs, les compétences requises pour la main-d'œuvre de demain changeront de manière significative. L'éducation doit évoluer parallèlement à ces changements, en favorisant des environnements d'apprentissage qui mettent l'accent sur la créativité, la résolution de problèmes et l'adaptabilité. Les écoles, les universités et les programmes de formation professionnelle devront déchiffrer et mettre en œuvre de nouvelles méthodes pour préparer les étudiants à un avenir riche en IA.

De même, le concept de "valeur" dans le contexte des contributions sociétales pourrait être sur le point d'être réexaminé. L'influence de l'IA pourrait nous amener à accorder une plus grande importance aux liens sociaux, à l'intelligence émotionnelle et aux considérations éthiques. Les questions morales, autrefois réservées aux philosophes, deviennent essentielles à la gouvernance des systèmes d'IA. Il est essentiel de favoriser un environnement dans lequel les considérations éthiques ont autant d'importance que les avancées technologiques.

Avec l'IA, le potentiel d'amplification des inégalités doit être au premier plan. Si l'IA a le pouvoir d'améliorer notre qualité de vie dans de nombreux domaines, elle a aussi la capacité de creuser le fossé entre les nantis et les démunis. Pour remédier à cette inégalité, il faut veiller à ce que les avantages de l'IA soient répartis équitablement entre toutes les couches de la société, et non concentrés entre les mains de quelques puissants.

Par ailleurs, nous assistons à une métamorphose culturelle influencée par les outils et les plateformes alimentés par l'IA. Les arts, les langues, les traditions et même nos perceptions sont façonnés par les expériences numériques créées par l'IA. Nous nous trouvons peut-être à un carrefour où l'essence de nos artefacts culturels et de nos expériences partagées est coécrite par des algorithmes qui apprennent de nous et nous répondent.

Il convient d'examiner plus avant l'impact de l'IA sur la gouvernance et les institutions démocratiques. L'IA étant utilisée pour tout, de l'optimisation des services publics à la police prédictive, la nature de la confiance du public et les attentes des gouvernés évolueront invariablement. L'utilisation de l'IA dans ces contextes nécessite les niveaux les plus élevés de transparence, de responsabilité et de protection contre les utilisations abusives. À mesure que l'IA devient plus sophistiquée, il est concevable que nos interactions avec elle deviennent plus personnelles et que notre dépendance à son égard soit plus profonde. Cela pourrait modifier notre perception de l'intimité, de la confiance et de la camaraderie. La manière dont nous préparons les générations futures à ces changements dans la dynamique sociale sera déterminante.

Les implications écologiques à long terme de l'IA requièrent également une attention particulière. Au-delà de sa capacité à résoudre des problèmes environnementaux urgents, l'empreinte écologique de l'IA elle-même—des centres de données massifs à l'extraction de matériaux rares—doit être gérée de manière durable. La santé de notre planète et l'avenir de l'IA sont interdépendants. Nous devons construire des systèmes qui non seulement durent, mais qui favorisent également la longévité des autres formes de vie sur la Terre.

L'essor de l'IA soulève des questions géopolitiques complexes. Avec la "course mondiale à la domination de l'IA", les nations sont incitées à défendre leurs intérêts par le biais d'un leadership technologique. Toutefois, cette concurrence, si elle n'est pas maîtrisée, pourrait conduire à un paysage international instable. Les conséquences d'un écosystème de l'IA fragmenté, où la coopération mondiale est tronquée par des visées nationalistes, sont lourdes de conséquences.

Quand les machines apprennent

Il y a aussi l'interrogation philosophique sur la nature de la conscience et de la sensibilité, étant donné le développement de systèmes d'IA de plus en plus sophistiqués. La manière dont nous abordons les droits et les considérations relatifs aux intelligences non biologiques, si elles atteignent un jour un semblant de sensibilité, reflétera et redéfinira nos valeurs en tant que société. Ces débats toucheront aux questions les plus profondes de ce que signifie être en vie et posséder des droits.

Tant que nous envisageons l'IA comme un outil de progrès, elle est aussi un miroir reflétant nos préjugés, nos aspirations et nos contours éthiques. Son évolution nous obligera à nous confronter à des aspects de nous-mêmes qui peuvent nous mettre mal à l'aise ou nous poser des problèmes. Les implications sociétales à long terme de l'IA ne reposent pas uniquement sur les épaules des technologues et des décideurs politiques, mais impliquent chaque individu ayant un intérêt dans l'avenir. Il est de la responsabilité collective des éducateurs, des artistes, des entrepreneurs, des responsables civiques et des citoyens d'orienter ce phénomène technologique gigantesque vers le meilleur horizon possible.

Le voyage avec l'IA est sans limites et la destination incertaine. Pourtant, si l'histoire nous enseigne quelque chose, c'est que l'esprit humain, associé à l'ingéniosité, peut exploiter les forces les plus perturbatrices pour le plus grand bien de tous. L'IA offre un potentiel immense si nous guidons sa trajectoire avec sagesse, compassion et prévoyance pour protéger les intérêts de tous les membres de la société, présents et futurs.

En conclusion, les implications sociétales à long terme de l'IA sont une tapisserie de fils entrelacés &mdash ; économiques, éthiques, éducatifs, culturels, écologiques, géopolitiques et philosophiques. Pour comprendre et façonner ces implications, il faut faire preuve de prévoyance, de coopération interdisciplinaire et s'engager à respecter les principes d'équité et de durabilité. L'IA ne se contente pas de transformer le monde ; elle nous invite à le réimaginer et à le reconstruire. À mesure que nous avançons, veillons à ce que ce partenariat en constante évolution avec l'IA serve à élever l'humanité, à préserver notre planète et à enrichir notre avenir collectif.

Il n'y a pas d'autre solution que de s'engager dans un partenariat avec l'IA.

Chapitre 7 :
L'intelligence artificielle en tant
que catalyseur de l'innovation

En s'appuyant sur les connaissances fondamentales et l'impact multiforme de l'IA abordés jusqu'à présent, le chapitre 7 se penche sur l'intelligence artificielle en tant que force d'innovation sans précédent qui propulse les industries dans des territoires dynamiques de découverte et de créativité. L'IA n'est pas seulement un outil, mais un partenaire dans l'élaboration de solutions et la conception de l'avenir, alimentant une renaissance dans divers domaines—des arts à la science, et de l'entreprenariat à la gouvernance. Elle suscite une métamorphose dans le développement des produits, l'amélioration des services et les stratégies de résolution des problèmes, qui sont mis en lumière par des études de cas convaincantes. La collaboration entre des entreprises expérimentées et des startups agiles dans le domaine de l'IA annonce un changement de paradigme dans la manière dont la propriété intellectuelle est à la fois générée et protégée à l'ère numérique. Ces synergies redéfinissent non seulement le paysage concurrentiel, mais soulignent également l'importance de libérer le potentiel de l'IA de manière responsable et imaginative. Au fil de ce chapitre, le pouvoir de transformation de l'IA devient évident, renforçant l'idée que son rôle dans la promotion de l'innovation est essentiel pour propulser l'humanité vers un avenir plein de promesses et d'un potentiel sans précédent.

Il n'y a pas de raison de s'inquiéter.

Études de cas d'innovations fondées sur l'IA

Dans le domaine des innovations fondées sur l'IA, il existe de nombreuses études de cas révolutionnaires qui mettent en lumière le pouvoir de l'intelligence artificielle dans la transformation des industries et même des sociétés au sens large. L'une de ces innovations est le développement de techniques d'apprentissage profond utilisées dans la vision artificielle pour le diagnostic rapide et précis d'images médicales, une tâche qui prendrait traditionnellement beaucoup plus de temps aux professionnels de la santé.

Une autre innovation impressionnante est l'utilisation de l'IA dans l'optimisation de la logistique et de la gestion de la chaîne d'approvisionnement. Des entreprises comme UPS et Amazon ont déployé des algorithmes d'IA pour garantir l'efficacité de l'acheminement et de la livraison, réduisant ainsi considérablement la consommation de carburant et contribuant à la réduction de l'impact sur l'environnement. Ce type de mise en œuvre de l'intelligence artificielle montre comment les applications pragmatiques de l'IA peuvent avoir des avantages significatifs dans le monde réel.

L'IA a également fait des progrès significatifs dans le domaine du traitement du langage naturel (NLP). Un projet connu sous le nom de GPT-3 a démontré la capacité de comprendre, de générer et de traduire le langage humain avec une sophistication sans précédent. Les technologies issues de cette recherche révolutionnent les tâches linguistiques, qu'il s'agisse de services de traduction en temps réel ou de chats d'assistance à la clientèle contextuels.

Les véhicules autonomes représentent un autre domaine dans lequel les innovations en matière d'IA ont des implications de grande portée. Avec des constructeurs automobiles et des géants de la technologie comme Tesla et Waymo à la barre, la recherche d'une autonomie totale dans les voitures pousse l'IA et l'apprentissage automatique vers de nouvelles frontières. Leurs études apportent des données importantes sur la sécurité, la planification urbaine et l'avenir des transports.

Dans le domaine de la finance, les innovations pilotées par l'IA ont permis de mettre en place des systèmes avancés de détection des fraudes grâce à la détection des anomalies. Par exemple, Mastercard utilise l'IA pour analyser les données de transaction en temps réel, en signalant les activités potentiellement frauduleuses et en réduisant considérablement l'incidence de la fraude par carte de crédit.

En passant du moteur du commerce à la fontaine de la créativité, l'IA fait également des vagues dans le monde de l'art. Une IA nommée AIVA (Artificial Intelligence Virtual Artist) compose des partitions musicales originales en apprenant à partir de milliers de morceaux de musique classique, démontrant ainsi le potentiel de l'IA dans des industries créatives habituellement considérées comme réservées à l'ingéniosité humaine.

Le secteur de l'agriculture est également témoin d'une révolution de l'IA. En employant des drones et des plateformes analytiques alimentées par l'IA, les agriculteurs peuvent désormais surveiller la santé des cultures, optimiser l'application des pesticides et prédire les rendements avec plus de précision que jamais. Cette avancée ne se contente pas d'améliorer l'efficacité, elle conduit également à des pratiques agricoles plus durables.

La technologie de reconnaissance vocale a également connu une transformation, grâce à l'IA. Des systèmes comme Siri d'Apple et Alexa d'Amazon deviennent de plus en plus sophistiqués, comprenant mieux les différents accents, l'argot et le contexte des conversations. Ces innovations améliorent l'expérience utilisateur et l'accessibilité, modifiant la façon dont les gens interagissent avec leurs appareils.

L'IA est même entrée dans le domaine de l'application de la loi avec des outils de police prédictive. Ces outils analysent les données historiques sur la criminalité pour prévoir l'activité criminelle, ce qui permet aux organismes chargés de l'application de la loi d'allouer les ressources plus efficacement et éventuellement de prévenir les crimes avant qu'ils ne se produisent.

Par ailleurs, dans le secteur des médias et du divertissement, les entreprises tirent parti de l'IA pour des recommandations de contenu personnalisées. Netflix, par exemple, utilise des algorithmes complexes qui analysent les habitudes de visionnage pour recommander des émissions et des films, augmentant ainsi l'engagement et la satisfaction des utilisateurs.

Dans le secteur toujours vital de la santé, l'IA est exploitée pour prédire les risques des patients et soutenir la prise de décision clinique. Un exemple notable est le projet DeepMind Health de Google, qui analyse les dossiers médicaux pour prédire la détérioration des patients, ce qui pourrait sauver des vies grâce à des interventions plus opportunes.

Les innovations basées sur l'IA ont également fait des percées dans le secteur de l'énergie. Par exemple, DeepMind de Google a également développé une IA qui améliore l'efficacité énergétique de ses centres de données, entraînant une réduction significative de la consommation d'énergie et créant un précédent à suivre pour d'autres installations à grande échelle.

Le service à la clientèle a été transformé par l'IA grâce à l'utilisation de chatbots et d'assistants virtuels. Ces technologies pilotées par l'IA offrent un soutien rapide et permanent aux clients dans divers secteurs, du commerce électronique à la banque, améliorant ainsi la satisfaction et l'efficacité des clients.

Le secteur manufacturier n'est pas en reste dans la révolution de l'IA. La robotique infusée d'algorithmes d'IA a permis de mettre en place des lignes de production plus précises et plus efficaces. Les constructeurs automobiles, par exemple, intègrent ces robots intelligents pour améliorer la sécurité et la personnalisation des véhicules.

En résumé, les études de cas d'innovations basées sur l'IA présentent un large éventail de réalisations où l'IA devient rapidement un outil indispensable. Ces percées témoignent non seulement des prouesses technologiques de l'IA, mais marquent également un tournant dans son intégration toujours plus poussée dans divers aspects de notre vie quotidienne.

Les études de cas sur les innovations basées sur l'IA présentent un large éventail de réalisations dans lesquelles l'IA devient rapidement un outil indispensable.

La collaboration entre les entreprises et les startups de l'IA est une composante essentielle et en constante évolution de l'écosystème de l'innovation qui alimente le progrès technologique et la croissance économique. À une époque où l'intelligence artificielle n'est pas seulement un mot à la mode mais une pierre angulaire de l'avantage concurrentiel, les entreprises de divers secteurs cherchent de plus en plus à établir des partenariats avec des startups spécialisées dans l'IA afin de tirer parti de l'agilité, de l'innovation et de l'expertise spécialisée.

Ces collaborations sont des terrains fertiles pour les relations symbiotiques. Les startups, souvent agiles et pionnières, peuvent développer rapidement des technologies de pointe, mais ne disposent pas toujours de l'accès au marché, du capital ou de l'infrastructure opérationnelle solide que les entreprises établies ont construit au fil des décennies. D'un autre côté, les entreprises traditionnellement structurées tirent profit de l'apport à leurs modèles commerciaux d'idées nouvelles et de technologies rapidement adaptables que les jeunes pousses apportent à la table.

Au fond, ces partenariats se concentrent généralement sur le codéveloppement de produits, l'amélioration des services ou l'adaptation des processus commerciaux pour les rendre plus intelligents et plus efficaces. Par exemple, une entreprise du secteur de la vente au détail peut s'associer à une startup spécialisée dans l'IA pour mettre en œuvre des algorithmes d'apprentissage automatique avancés pour des recommandations personnalisées aux clients, la gestion des stocks ou l'optimisation de la chaîne d'approvisionnement.

Ces collaborations peuvent se déployer sous différents formats. Une approche courante est le capital-risque d'entreprise, où une entreprise investit dans une startup d'IA en échange de capitaux propres et, généralement, d'un siège au conseil d'administration. Cet investissement s'accompagne souvent de synergies stratégiques, la technologie de la startup étant intégrée à la gamme de produits de l'entreprise, ce qui stimule l'innovation et permet à la startup de passer à l'échelle supérieure.

Un autre modèle est celui des partenariats stratégiques ou des coentreprises, où les deux parties conservent leur individualité mais s'associent pour travailler sur un projet ou un objectif commun. Il peut s'agir de combiner les ressources et l'expertise pour relever un défi commercial spécifique ou développer de nouveaux produits en collaboration.

Les incubateurs et les accélérateurs parrainés par de grandes entreprises offrent encore un autre modèle de collaboration. Les startups de l'IA reçoivent les ressources, le mentorat et les relations industrielles dont elles ont besoin pour développer rapidement leurs activités. En retour, l'entreprise sponsor obtient souvent un accès précoce à des technologies révolutionnaires et la possibilité d'orienter ces progrès dans des directions qui correspondent à ses objectifs stratégiques.

Il est important de noter que pour que ces partenariats réussissent, il doit y avoir un alignement harmonieux des objectifs, de la culture et des attentes. Alors que l'entreprise peut rechercher la stabilité, l'orientation des processus et le retour sur investissement, la startup peut donner la priorité à la vitesse d'innovation, aux percées technologiques et à la perturbation du marché.

Une collaboration structurée doit donc établir des canaux de communication clairs, des objectifs transparents et des cadres flexibles pour s'adapter au dynamisme inhérent au développement de l'IA. Par exemple, les accords qui tiennent compte de la nature itérative du développement des produits d'IA, qui nécessite souvent des ajustements continus en fonction des réactions du monde réel, peuvent être particulièrement efficaces.

En outre, la nature des produits d'IA axée sur les données peut également soulever des préoccupations en matière de partage des données, de gouvernance et de protection de la vie privée. Une collaboration réussie devra établir une confiance mutuelle et mettre en place des protocoles de gestion des données solides qui satisfont aux normes réglementaires et de sécurité des deux parties.

Les composantes éducatives peuvent également jouer un rôle important dans ces partenariats, les startups et les entreprises s'engageant fréquemment dans l'échange de connaissances. Les entreprises peuvent offrir leur expertise sectorielle et leur sens des affaires, tandis que les startups peuvent apporter des connaissances technologiques de pointe. Cette pollinisation croisée des connaissances peut stimuler l'innovation et accélérer le développement de technologies d'IA qui sont à la fois révolutionnaires et ancrées dans les réalités du marché.

Mais ce n'est que la partie émergée de l'iceberg lorsque l'on considère l'impact des collaborations entre les entreprises et les startups d'IA. Parallèlement aux avancées technologiques, ces alliances façonnent l'avenir du travail, en contribuant à l'émergence de nouveaux rôles professionnels et à la requalification des effectifs existants.

Dans certains cas, ces collaborations ont même contribué à démocratiser l'IA en rendant des outils et des services d'IA de haut niveau accessibles à un segment de marché plus large. Les petites entreprises, et même les consommateurs individuels, peuvent bénéficier de l'effet de ruissellement de ces innovations, car les capacités d'IA avancées auparavant réservées aux grandes entreprises deviennent plus répandues et plus abordables.

Il ne faut pas négliger les défis et les écueils potentiels associés aux collaborations entre les entreprises et les startups de l'IA. Des questions telles que les droits de propriété intellectuelle, la dilution des capitaux propres, les disparités culturelles ou les objectifs non alignés peuvent faire dérailler des partenariats prometteurs si elles ne sont pas traitées de manière adéquate dès le départ.

Par conséquent, une diligence raisonnable, un alignement stratégique des valeurs fondamentales et un cadre d'accord mutuellement bénéfique sont des éléments essentiels pour que ces collaborations puissent prospérer. Le paysage de l'IA évolue sans cesse, tout comme la nature de ces partenariats, qui doivent toujours s'adapter aux nouveaux seuils technologiques et aux demandes du marché.

En examinant le canevas de la collaboration entreprise-startup, il est clair que ces alliances sont plus que de simples transactions ou engagements contractuels. Ce sont des ponts dynamiques et vivants qui relient la force fondamentale des entreprises établies au potentiel révolutionnaire de l'innovation en matière d'intelligence artificielle. Grâce à elles, les promesses de l'intelligence artificielle ne sont pas seulement conceptualisées mais aussi actualisées, annonçant de nouveaux horizons pour les entreprises et la société.

La propriété intellectuelle et l'IA

Alors que la société s'enfonce dans le domaine innovant de l'intelligence artificielle, l'intersection de la propriété intellectuelle et de l'IA présente une matrice complexe de questions juridiques, techniques et éthiques. La génération de nouvelles idées, la création de logiciels et même les œuvres d'art ou la musique produites par les systèmes d'IA soulèvent d'importantes questions quant à savoir qui - ou quoi - peut réellement en revendiquer la propriété. Le droit de la propriété intellectuelle, initialement conçu pour protéger l'ingéniosité humaine, est aujourd'hui confronté à un nouveau défi : la montée en puissance de l'inventeur non humain.

L'importance des droits de propriété intellectuelle dans le domaine de l'IA est évidente dans la vague de demandes de brevets liées à l'IA. Celles-ci sont souvent déposées par des entreprises qui investissent des sommes considérables dans la recherche sur l'IA, ce qui témoigne de l'importance des enjeux. Dans ce contexte, le droit des brevets est confronté à une question fondamentale : les inventions générées par l'IA peuvent-elles être brevetées et, dans l'affirmative, qui doit figurer sur la liste des inventeurs ? Traditionnellement conçus pour les inventions créées par l'homme, les cadres de brevets du monde entier sont aux prises avec cette situation sans précédent.

Les questions relatives au droit d'auteur ne sont pas moins pressantes. Les résultats créatifs de l'IA, qu'il s'agisse d'œuvres écrites, d'art visuel ou de musique, remettent en question la notion conventionnelle de paternité de l'œuvre. Dans la plupart des juridictions, le droit d'auteur est réservé aux auteurs humains, mais lorsqu'une IA crée une œuvre d'art, les limites sont floues. Qu'est-ce que cela signifie pour les créateurs qui utilisent l'IA comme un outil, et comment ces contributions se comparent-elles à celles qui ont été créées sans l'aide de l'IA ?

Même le droit des marques, qui protège les identificateurs de marque contre les abus, rencontre de nouveaux problèmes dans un monde centré sur l'IA. Les algorithmes d'apprentissage automatique pourraient involontairement porter atteinte à des marques existantes en générant des logos ou des noms de marque similaires. Cela soulève des questions sur la responsabilité et sur la mesure dans laquelle les créateurs d'IA peuvent contrôler ou prévoir les actions de leurs créations.

Un développement intriguant dans la relation de l'IA avec la propriété intellectuelle est le concept de "l'IA en tant qu'inventeur". Des affaires juridiques récentes posent la question de savoir si les systèmes d'IA peuvent être reconnus comme des inventeurs dans les dépôts de brevets. Ce débat ne met pas seulement à l'épreuve les définitions juridiques du droit de la propriété intellectuelle, mais suscite également une réflexion sur la valeur que nous attribuons à la créativité et à la résolution de problèmes par l'homme ou par la machine.

La protection des secrets d'affaires a également un lien intéressant avec l'IA. Les entreprises peuvent utiliser les secrets d'affaires pour protéger leurs algorithmes propriétaires contre les concurrents. Toutefois, la nature de l'IA et de l'apprentissage automatique, qui nécessite souvent le partage d'ensembles de données pour la poursuite du développement, peut parfois entrer en conflit avec le désir de préserver le secret.

L'octroi de licences et la liberté d'exploitation deviennent complexes lorsque l'IA est impliquée dans le processus d'innovation. Les organisations doivent s'orienter dans un labyrinthe de droits de propriété intellectuelle existants pour s'assurer qu'elles ont la liberté d'utiliser, de développer et de commercialiser les technologies de l'IA. Les accords de licence peuvent nécessiter une refonte ou de nouveaux modèles pour tenir compte du caractère unique des systèmes d'IA.

Quand les machines apprennent

L'émergence de l'IA à code source ouvert donne également une tournure unique aux considérations de PI. Les projets d'IA à code source ouvert, dont le code est librement accessible pour que d'autres puissent l'utiliser et le modifier, compliquent les paradigmes traditionnels de la propriété intellectuelle axés sur l'exclusivité et la propriété. Ils prospèrent grâce à la collaboration de la communauté au lieu de la propriété - un contraste frappant avec l'avantage concurrentiel recherché dans la protection par brevet.

Au niveau international, le paysage juridique des droits de propriété intellectuelle dans le domaine de l'IA est très fragmenté. Différents pays peuvent adopter des positions variées sur l'IA et la PI, ce qui peut être source de confusion pour les entreprises multinationales et les initiatives mondiales. Un cadre universellement accepté semble lointain, bien que des organisations internationales comme l'OMPI entament des discussions pour remédier à ces disparités.

Parmi toutes ces préoccupations, il y a une question primordiale : le rythme du progrès technologique par rapport à la vitesse de la réforme juridique. Les roues du changement au sein des organes législatifs tournent lentement par rapport aux développements rapides de l'IA. Cette dichotomie laisse souvent les innovateurs dans un état d'incertitude quant à la manière de protéger adéquatement leur technologie basée sur l'IA.

La notion de propriété intellectuelle dans l'IA remet également en question les modèles d'entreprise existants. Les entreprises doivent adapter leurs stratégies pour s'assurer qu'elles peuvent à la fois protéger et monétiser les inventions de l'IA. Par exemple, l'intégration de l'IA dans les produits peut nécessiter une révision des accords de licence afin d'énoncer de nouvelles considérations en matière de propriété intellectuelle sur un territoire nettement inexploré.

Pour les décideurs politiques, l'impact de l'IA sur le droit de la propriété intellectuelle est un appel à l'équilibre entre la promotion de l'innovation et la sauvegarde des droits des créateurs. Ils doivent établir des cadres politiques qui reconnaissent la fluidité du potentiel créatif de l'IA tout en veillant à ce que les inventeurs humains ne soient ni désavantagés ni découragés.

D'un point de vue sociétal, la façon dont la propriété intellectuelle est gérée dans le contexte de l'IA pourrait influencer de manière significative l'accès du public à l'information et à la technologie. La façon dont les lois et les politiques évoluent pourrait en fin de compte affecter l'innovation et la croissance économique. Dans le domaine de l'éducation et de la recherche, les implications pour la propriété intellectuelle s'étendent à la manière dont les outils d'IA sont utilisés pour la création et la diffusion des connaissances. Le monde universitaire doit naviguer prudemment dans ces eaux, en encourageant l'innovation tout en respectant les droits de propriété intellectuelle qui entrent en jeu dans la recherche et le développement assistés par l'IA.

En conclusion, le lien entre la propriété intellectuelle et l'IA est aussi fascinant qu'il est complexe. Il exige une approche nuancée, à la fois ancrée dans la jurisprudence et tournée vers l'avenir, afin de s'adapter à un futur où l'IA joue un rôle de plus en plus important dans la créativité et l'invention. La prochaine vague d'innovation repose sur notre capacité à concilier les prouesses technologiques avec les impératifs du droit de la propriété intellectuelle, garantissant ainsi un avenir qui respecte les contributions au progrès de l'homme et de la machine.

Chapitre 8 :
L'IA dans une perspective mondiale

Alors que nous nous plongeons dans les subtilités de l'intelligence artificielle à travers son parcours stupéfiant, il devient crucial d'élargir notre objectif et de saisir le kaléidoscope de son impact sur la scène mondiale. Ce chapitre nous guide à travers les continents, en explorant la manière dont les politiques et les réglementations internationales servent à la fois de catalyseurs et d'obstacles à l'ascension de l'IA. Nous disséquons ici les dynamiques géopolitiques fascinantes qui sous-tendent le développement de l'IA, alors que les nations naviguent entre l'aspiration fervente au progrès technologique et les efforts conscients pour maintenir la souveraineté numérique. Nous observons comment se déroule la course mondiale à la domination de l'IA, les pays élaborant des stratégies pour exploiter le potentiel de l'IA en matière de croissance économique, de sécurité nationale et de bien-être sociétal, tout en étant aux prises avec les complexités de l'équité concurrentielle et du progrès collaboratif. L'adoption d'une perspective globale nous permet d'apprécier les multiples réalités de l'IA, qui apparaît non seulement comme une force technologique transformatrice, mais aussi comme un acteur central dans le ballet complexe des relations internationales et des structures de pouvoir mondiales.

Politiques et réglementations internationales

Dans notre monde interconnecté, l'intelligence artificielle (IA) a dépassé les frontières des juridictions nationales, d'où la nécessité de politiques et de réglementations internationales globales pour gérer son intégration et son utilisation éthique. En parcourant le paysage mondial de la gouvernance de l'IA, nous rencontrons une mosaïque de stratégies, chacune façonnée par des valeurs culturelles, des intérêts économiques et des normes sociétales uniques, révélant la complexité de la réalisation d'un consensus universel sur les cadres réglementaires de l'IA.

*Pourquoi devrions-nous nous intéresser aux politiques et réglementations internationales en matière d'IA?*Tout simplement, il s'agit d'exploiter le pouvoir de transformation de l'IA tout en se protégeant contre les risques qu'elle pose pour la sécurité, la protection de la vie privée, l'équité et l'autonomie. À mesure que les systèmes d'IA s'intègrent dans tous les domaines, des systèmes financiers mondiaux aux infrastructures critiques, les enjeux ne pourraient être plus élevés. Les réglementations en vigueur sont un élément essentiel du tissu qui garantira que l'IA profite à l'ensemble de l'humanité sans exacerber les inégalités mondiales ou provoquer des effets indésirables incontrôlés.

En naviguant sur ce terrain, il apparaît clairement qu'il n'existe pas d'approche unique en matière de gouvernance de l'IA. L'Union européenne, par exemple, a adopté une approche axée sur les valeurs et centrée sur les droits de l'homme et les principes éthiques. Le règlement général sur la protection des données (RGPD) de l'UE est entré en vigueur en 2018, établissant une référence mondiale en matière de protection des données et de la vie privée. Il accorde aux individus un contrôle important sur leurs données personnelles et impose des règles strictes aux processeurs et aux contrôleurs de données, y compris ceux qui utilisent l'IA.

En revanche, les États-Unis, avec leur patchwork de lois fédérales et étatiques, mettent l'accent sur l'innovation axée sur le marché et ont été plus lents à mettre en œuvre une législation complète spécifique à l'IA. Au lieu de cela, les lignes directrices et les normes établies par l'industrie jouent souvent un rôle important, parallèlement aux réglementations spécifiques qui traitent de l'IA dans le contexte des soins de santé, des transports ou de la finance. Le National Institute of Standards and Technology (NIST) est l'un des organismes qui contribuent à l'élaboration de politiques visant à promouvoir la confiance dans l'IA par le biais de normes et de lignes directrices qui protègent la vie privée et les libertés civiles.

La Chine, acteur redoutable dans l'espace de l'IA, envisage le développement de l'IA sous un angle stratégique, en mettant l'accent sur les initiatives et les investissements parrainés par l'État. Le gouvernement chinois a publié en 2017 le "Plan de développement de l'intelligence artificielle de nouvelle génération", qui présente un calendrier ambitieux pour devenir le leader mondial de l'IA d'ici 2030. Son approche de la politique en matière d'IA se caractérise par des stratégies nationales qui donnent la priorité à la croissance économique et aux prouesses technologiques, souvent au détriment de la protection de la vie privée.

S'éloignant des pays spécifiques, les collaborations internationales prennent forme sous la forme d'alliances et d'efforts de recherche de consensus. Les pays du G7, par exemple, ont discuté de lignes directrices pour l'utilisation éthique de l'IA, bien qu'aucune politique contraignante n'ait vu le jour. De son côté, l'UNESCO travaille à l'élaboration d'un cadre réglementaire universel. Ils ont rédigé des recommandations dans le but de fournir une base de référence pour l'éthique de l'IA qui reflète la diversité internationale et aide à combler les lacunes réglementaires entre les nations.

Outre les initiatives gouvernementales, les institutions multilatérales telles que l'OCDE ont un intérêt important dans le jeu. En 2019, l'OCDE a adopté les Principes sur l'intelligence artificielle, les premières normes internationales convenues par les pays. Ces principes promeuvent une IA innovante et digne de confiance, qui respecte les droits de l'homme et les valeurs démocratiques.

Le Forum économique mondial est une autre entité internationale qui engage diverses parties prenantes à combler les lacunes de la gouvernance en matière d'IA. Il a lancé le réseau du Centre pour la quatrième révolution industrielle, qui rassemble des entreprises, des gouvernements, la société civile et des experts du monde entier pour concevoir et piloter des approches innovantes en matière de politique et de gouvernance pour les nouvelles technologies.

Toutefois, la fragmentation des politiques internationales constitue un obstacle au fonctionnement mondial transparent des systèmes basés sur l'IA. Des questions telles que les flux de données transfrontaliers et les normes contradictoires en matière de protection de la vie privée et des données posent des problèmes importants aux multinationales comme aux PME. Alors que certains pays considèrent la libre circulation des données comme un catalyseur économique, d'autres estiment que des lois strictes sur la souveraineté des données sont essentielles pour protéger les droits et la sécurité de leurs citoyens.

Il est important de ne pas négliger le rôle des accords commerciaux dans le façonnement du paysage de l'IA. Des accords tels que l'Accord États-Unis-Mexique-Canada (USMCA) ont créé des précédents en incluant des dispositions sur le commerce numérique qui affectent l'IA, telles que l'interdiction des mesures de localisation des données et la protection du code source. Ces accords commerciaux deviennent parfois des réceptacles pour l'établissement de politiques informelles en matière d'IA qui peuvent avoir des effets étendus au-delà des frontières des pays signataires.

Quand les machines apprennent

Alors que l'IA continue d'évoluer, l'un des plus grands défis consiste à maintenir les mesures réglementaires à la hauteur des avancées technologiques. Les politiques en matière d'IA doivent concilier les intérêts divergents des parties prenantes tout en s'efforçant sans relâche de rester adaptables et à l'épreuve du temps – ce qui n'est pas une mince affaire compte tenu du rythme rapide de l'innovation dans le domaine de l'IA.

En outre, avec l'entrée de l'IA dans des domaines à fort enjeu tels que les systèmes d'armes autonomes, les préoccupations en matière de sécurité internationale passent au premier plan. À cet égard, les Nations unies jouent un rôle essentiel par l'intermédiaire de groupes tels que le Groupe d'experts gouvernementaux des Nations unies sur les systèmes d'armes autonomes létaux (LAWS). Ces plateformes facilitent des discussions importantes sur la réglementation des technologies potentiellement perturbatrices, même s'il s'est avéré difficile de parvenir à un consensus entre les États membres.

Le changement climatique est un autre domaine dans lequel la collaboration internationale sur la réglementation de l'IA pourrait avoir un impact profond. En établissant des normes mondiales sur la manière dont l'IA peut être mise au service de la durabilité environnementale, les nations pourraient faire des progrès significatifs vers les objectifs de développement durable (ODD) des Nations unies. Les applications internationales de l'IA en matière de modélisation du climat et de prévision des catastrophes montrent que l'IA peut contribuer au bien-être de la planète, mais elles nécessitent également une surveillance internationale coopérative.

En conclusion, à mesure que la technologie de l'IA progresse, l'élaboration de politiques et de réglementations internationales solides et exhaustives devient plus cruciale. Ces politiques doivent être élaborées de manière participative et pluridisciplinaire, en tenant compte d'un large éventail de voix et de points de vue, afin de garantir que la trajectoire de l'IA s'aligne sur nos valeurs et aspirations collectives. Les efforts actuels ne sont que le début d'un processus continu qui doit s'adapter de manière dynamique à l'évolution des capacités de l'IA, toujours dans le but de favoriser l'innovation, de garantir la sécurité et de promouvoir des normes éthiques universelles.

Il ne fait aucun doute que l'IA a le pouvoir de remodeler le monde de multiples façons. Mais le fait que ces changements aboutissent à des résultats équitables et durables dépend en grande partie des politiques et réglementations internationales que nous mettons en place aujourd'hui. Elles servent non seulement de boussole pour naviguer dans les considérations morales et éthiques complexes que pose l'IA, mais aussi de plan directeur pour exploiter le pouvoir de transformation de l'IA afin d'élever les sociétés du monde entier et de leur apporter des avantages.

Tendances géopolitiques dans le développement de l'IA

L'histoire de l'intelligence artificielle n'est pas seulement une histoire de progrès et de percées technologiques ; elle est profondément imbriquée dans le tissu géopolitique de notre monde. À mesure que les nations reconnaissent la valeur stratégique de l'IA, celle-ci est devenue un élément important dans la poursuite du pouvoir économique, politique et militaire. Dans cette sous-section essentielle, nous explorerons le paysage complexe des tendances géopolitiques qui façonnent et sont façonnées par le développement de l'IA.

Dans le climat actuel, les États-Unis et la Chine sont les principaux acteurs sur la scène mondiale du développement de l'IA. Les États-Unis, avec leur culture pionnière de la Silicon Valley, sont depuis longtemps à la pointe de l'innovation technologique. Ils ont été le théâtre de percées majeures dans le domaine de l'IA et abritent des géants de la technologie qui investissent massivement dans la recherche sur l'IA. Le gouvernement fédéral soutient cet effort par des initiatives visant à assurer une domination continue dans le domaine de l'IA.

La Chine, en revanche, s'est fixé comme priorité nationale de devenir le leader mondial de l'IA d'ici à 2030. À cette fin, le gouvernement chinois a lancé des programmes ambitieux, en fournissant un financement substantiel et un soutien politique. L'approche chinoise du développement de l'IA est systématique et intégrée, impliquant des initiatives dirigées par l'État qui favorisent la collaboration entre les chercheurs, les acteurs de l'industrie et l'armée.

Au-delà des États-Unis et de la Chine, l'Union européenne se positionne également comme un acteur clé de l'IA, en mettant l'accent sur le développement d'une IA éthique. Soulignant l'importance d'une IA centrée sur l'humain et digne de confiance, l'UE a introduit des réglementations et des lignes directrices, telles que le GDPR, qui influencent la manière dont l'IA est développée et utilisée non seulement en Europe mais aussi dans le monde entier.

La Russie, bien que disposant de moins de ressources que les États-Unis et la Chine, a signalé son intention d'être une force redoutable dans certains domaines de l'IA, en particulier ceux liés à la défense et à la sécurité. Les dirigeants du pays ont ouvertement reconnu l'importance stratégique de l'IA, en particulier dans le contexte des applications militaires qui pourraient potentiellement modifier l'équilibre des forces. Elles progressent dans le domaine de l'IA avec l'intention de passer à des stades plus avancés de développement économique. En puisant dans leurs réserves croissantes de jeunes et de chefs d'entreprise férus de technologie, ces pays espèrent se tailler une place dans l'infrastructure mondiale de l'IA.

Une tendance significative est la formation d'alliances et de partenariats internationaux dans le domaine de la recherche sur l'IA. Ces collaborations deviennent de plus en plus importantes, car elles permettent de mettre en commun les ressources, de partager les connaissances et de forger des liens stratégiques qui renforcent les capacités d'innovation des pays membres.

Une autre tendance est la course aux armements dans le domaine de l'IA, qui a vu les pays se concentrer davantage sur les systèmes d'armes autonomes et les capacités de surveillance. Cette militarisation de l'IA soulève de nombreuses questions éthiques et suscite des dialogues et des traités potentiels pour réglementer l'IA dans la guerre.

Le paysage du développement de l'IA est également marqué par les efforts des pays pour sécuriser leurs chaînes d'approvisionnement en composants critiques tels que les semi-conducteurs. Les systèmes d'IA nécessitant du matériel de pointe, le contrôle de ces chaînes d'approvisionnement devient une monnaie d'échange géopolitique.

Les droits de propriété intellectuelle dans le domaine de l'IA deviennent également une question géopolitique contestée, les pays et les entreprises se disputant la propriété des brevets liés à l'IA et l'établissement de normes internationales pour les technologies d'IA.

La cybersécurité est un autre domaine où les tensions géopolitiques se manifestent. La prolifération de l'IA a donné naissance à des cybermenaces sophistiquées, conduisant les pays à investir dans des solutions de cybersécurité axées sur l'IA et à s'interroger sur le rôle des systèmes d'IA externes dans leurs infrastructures critiques.

La souveraineté numérique prend de l'ampleur, les pays cherchant à contrôler les flux de données et à localiser le stockage des données pour protéger leurs intérêts nationaux. Dans ce domaine, l'IA joue un double rôle : celui d'outil de souveraineté et celui d'actif pouvant nécessiter une protection souveraine.

La course aux talents en matière d'IA alimente une concurrence mondiale, entraînant la fuite des cerveaux dans certaines régions et la création de pôles d'IA dans d'autres. Les gouvernements sont désormais chargés non seulement d'encourager l'enseignement de l'IA au niveau national, mais aussi d'élaborer des politiques visant à attirer et à retenir les experts en IA du monde entier.

Les considérations environnementales commencent également à faire partie de la conversation géopolitique sur l'IA. Les immenses besoins énergétiques liés à la formation de modèles d'IA complexes ont incité les nations à rechercher des moyens durables de faire progresser l'IA sans compromettre les objectifs environnementaux.

Enfin, les relations diplomatiques internationales sont de plus en plus influencées par l'IA. Les pays utilisent l'IA comme un instrument de soft power, en fournissant une aide aux initiatives d'IA, en formant des experts étrangers en IA et en facilitant l'adoption des technologies d'IA à l'étranger pour renforcer les liens politiques et étendre l'influence.

L'exploration de ces tendances géopolitiques dans le développement de l'IA révèle un réseau à multiples facettes de facteurs stratégiques, économiques et sociaux qui sont inextricablement liés. Les nations doivent naviguer sur ce terrain avec prévoyance et responsabilité, car les décisions prises aujourd'hui façonneront la dynamique mondiale de demain. L'IA n'est pas seulement une technologie de transformation ; c'est un axe central autour duquel tournera l'avenir du pouvoir mondial.

La course mondiale à la domination de l'IA

À mesure que nous approfondissons les complexités et les triomphes de l'intelligence artificielle, il devient de plus en plus évident que l'IA n'est pas seulement une question de téraoctets et de circuits technologiques. Il s'agit également d'une question de leadership mondial et de prouesses économiques. La quête de la suprématie de l'IA s'est transformée en un marathon où les nations sprintent. Il s'agit d'une course définie à la fois par la collaboration d'esprits brillants et par la concurrence entre puissances économiques.

Les graines de cette course ont été semées lorsque les gouvernements ont reconnu le potentiel de transformation de l'IA. Il était évident que celui qui prendrait la tête dans le domaine de l'IA influencerait l'avenir de l'industrie, de la puissance militaire et des structures sociétales au sens large. Il est compréhensible que les pays investissent aujourd'hui férocement dans la recherche et le développement en matière d'IA, dans le but de mettre en œuvre l'IA dans des domaines allant des soins de santé à la défense nationale.

Dans cette compétition foisonnante, les États-Unis ont fait des progrès notables grâce aux géants de la technologie de la Silicon Valley qui ont été les pionniers d'avancées révolutionnaires en matière d'IA. Ces progrès ne concernent pas seulement les assistants personnels numériques ou les algorithmes de recherche. Elles concernent également des domaines complexes tels que l'informatique quantique, les véhicules autonomes et les cadres d'apprentissage automatique avancés.

Néanmoins, la concurrence mondiale n'est pas loin derrière. La Chine, avec son ambitieux plan de développement de l'IA, vise à devenir le leader mondial d'ici 2030. Ce plan ne se limite pas à des avancées dans le domaine technique ; il s'agit d'un effort concerté impliquant un soutien politique, un financement, une réforme de l'éducation et une collaboration internationale.

L'Union européenne, quant à elle, adopte une approche stratégique qui met l'accent sur l'IA éthique. Elle cherche à être compétitive sur la scène mondiale en établissant des réglementations et des cadres solides qui garantissent que les systèmes d'IA développés et utilisés en Europe sont dignes de confiance et respectent la vie privée et les droits de l'homme.

La Russie reconnaît elle aussi l'importance stratégique de l'IA. La fierté et la sécurité nationales étant en jeu, son approche s'appuie fortement sur le développement de l'IA dans les secteurs de la défense et de l'armée. Dans ce cadre, un soutien substantiel est accordé aux secteurs gouvernementaux et privés engagés dans l'IA.

L'Inde, avec sa vaste population et son expertise technique croissante, ne peut pas être sous-estimée dans cette course. Bien qu'elle soit peut-être un peu en retard sur la Chine et les États-Unis en termes d'investissements et d'infrastructures, l'Inde fait rapidement des percées grâce à des initiatives visant à encourager l'innovation et l'application de l'IA dans divers secteurs.

Des pays comme la Corée du Sud, le Japon et le Canada font également des investissements importants, en se concentrant sur des aspects de l'IA qui complètent leurs forces économiques existantes. La Corée du Sud dans le domaine de la robotique, le Canada dans la recherche sur l'IA et l'IA éthique, et le Japon dans l'application de l'IA à l'automatisation industrielle.

Une telle course n'est cependant pas sans obstacles. Les questions relatives à la course aux armements en matière d'IA, en particulier dans le domaine militaire, soulèvent des inquiétudes quant à un nouveau type de guerre froide, qui pourrait être marquée par des capacités cybernétiques et des systèmes d'armes autonomes. C'est une idée intimidante qui met encore plus l'accent sur la coopération internationale pour fixer des limites et des normes.

Cette atmosphère compétitive a stimulé un niveau de collaboration sans précédent entre les universités, l'industrie et les gouvernements. Grâce aux partenariats, nous assistons à une accélération du développement des technologies de l'IA bien au-delà des capacités individuelles initiales.

La volonté de domination favorise également l'innovation rapide. Les pays rivalisent pour accueillir la prochaine grande startup de l'IA ou pour développer le prochain algorithme révolutionnaire. Ce faisant, ils créent des écosystèmes qui soutiennent la pensée créative et la traduction rapide de la recherche en applications concrètes.

Toutefois, il ne s'agit pas seulement de faire la course en tête. On observe également une forte poussée en faveur d'une IA inclusive et responsable. L'idée de ne laisser personne de côté favorise les initiatives visant à garantir que les nations en développement ne soient pas exclues des avantages que l'IA peut offrir. Les organisations et coalitions mondiales s'efforcent de démocratiser l'IA, en veillant à ce qu'elle soit une force pour le bien et accessible à tous.

Au cœur de cette course, le talent est la ressource la plus recherchée. Les pays révisent leurs systèmes éducatifs, créent de nouvelles catégories de visas pour les professionnels qualifiés de l'IA et investissent dans le recyclage de leur main-d'œuvre afin d'alimenter un vivier de talents capables de stimuler l'innovation en matière d'IA.

Les résultats de cette compétition mondiale façonneront l'avenir. Ils détermineront non seulement quels pays seront à la tête de la technologie et de l'économie mondiales, mais aussi comment l'IA sera intégrée dans notre vie quotidienne. Il s'agit d'une course qui va bien au-delà de la simple technologie ; elle porte sur la vision, la stratégie et la forme du monde à venir.

Au fur et à mesure que cette course se déroule, nous ne devons pas perdre de vue l'objectif général : exploiter la puissance de l'IA pour résoudre certains des problèmes les plus urgents de l'humanité tout en veillant à maintenir des normes éthiques et l'égalité. La course à la domination de l'IA est en effet un témoignage de l'innovation et de la détermination humaines, illustrant le fait que lorsqu'il s'agit de l'avenir, le ciel n'est pas la limite – c'est la ligne de départ.

Chapitre 9 :
Les effets de l'IA sur la vie quotidienne

Sortant d'un paysage mondial parsemé de politiques et de réglementations, nous nous plongeons dans les recoins intimes de notre existence quotidienne pour démêler la tapisserie du changement tissée par l'intelligence artificielle. L'IA n'est pas seulement une force extérieure ; elle s'est infiltrée dans le rythme de nos routines quotidiennes, remodelant notre façon d'interagir, d'apprendre et de prendre soin de notre santé. Elle est présente dans les recommandations personnalisées qui nous accueillent chaque matin, les assistants intelligents qui orchestrent nos emplois du temps et l'intégration transparente dans nos véhicules qui nous guident en toute sécurité jusqu'à notre destination. Les soins de santé ont été révolutionnés par l'analyse prédictive qui permet d'améliorer les diagnostics et les plans de traitement, tandis que les enfants et les adultes font l'expérience d'outils éducatifs transformateurs qui s'adaptent au rythme d'apprentissage de chacun. Tout au long de notre vie, l'IA renforce subtilement nos décisions, en nous offrant la commodité mais aussi en nous poussant à reconsidérer l'évolution de la dynamique entre les humains et les machines. Ce chapitre se penche sur ces subtilités, offrant un reflet précis d'un monde où l'IA n'est pas un concept lointain, mais un partenaire enchevêtré dans la danse de la vie quotidienne.

L'IA est un outil d'apprentissage qui s'adapte au rythme de chacun.

Les expériences personnalisées grâce à l'IA ne sont pas simplement une question de préférence ; elles représentent l'évolution du rôle de la technologie dans le service aux utilisateurs de la manière la plus adaptée et la plus intuitive possible. Grâce à l'intelligence artificielle, nous entrons dans une ère où les services ne sont pas simplement fournis ; ils sont conçus en temps réel pour s'adapter aux nuances des besoins et des désirs individuels. Nous avons vu les bases de la personnalisation dans les recommandations d'achat en ligne et les services de diffusion de contenu en continu. Cependant, le potentiel de l'IA pour offrir des expériences personnalisées va bien au-delà de ces premières applications.

Pensons au monde de l'éducation, où l'IA peut analyser les habitudes d'apprentissage d'un élève, ses points forts et les domaines dans lesquels il doit s'améliorer pour lui proposer un parcours éducatif sur mesure. Imaginez un programme d'études qui s'adapte en temps réel pour maximiser le potentiel d'un élève. Il ne s'agit pas d'un simple rêve, mais d'une réalité qui s'impose rapidement à mesure que les salles de classe du monde entier commencent à utiliser des outils d'IA pour répondre aux besoins d'apprentissage de chaque individu. Ce qui est remarquable, c'est la capacité de l'IA à ne pas se contenter d'assister le processus éducatif, mais à l'améliorer, ce qui permet d'obtenir des résultats auparavant inaccessibles par les méthodes traditionnelles.

La personnalisation transforme aussi radicalement les soins de santé. Les systèmes d'IA peuvent analyser de grandes quantités de données médicales pour proposer des plans de traitement individualisés, en tenant compte de la composition génétique du patient, de son mode de vie et d'autres variables. Une personnalisation aussi poussée peut considérablement accroître l'efficacité des traitements et même anticiper les problèmes de santé avant qu'ils ne surviennent, favorisant ainsi une approche proactive plutôt que réactive des soins de santé.

Quand les machines apprennent

Dans le domaine du divertissement et de la consommation de médias, nous assistons déjà aux premières vagues de ce que signifie la personnalisation. Qu'il s'agisse de services musicaux qui apprennent nos préférences d'écoute pour créer la liste de lecture parfaite ou de téléviseurs intelligents qui savent quelles émissions nous allons regarder en boucle, la personnalisation pilotée par l'IA est en passe de devenir la norme. Cette évolution permet non seulement d'accroître la satisfaction des utilisateurs, mais aussi d'ouvrir de nouvelles voies aux créateurs de contenu pour adapter leurs offres au public précis qui les appréciera le plus.

La personnalisation par l'IA s'étend même au service client, avec des chatbots et des assistants virtuels désormais capables de comprendre le contexte et l'historique d'un client. Cela permet à ces solutions alimentées par l'IA d'offrir un niveau de service qui semble attentif et unique à chaque interaction, faisant évoluer le service client vers de nouveaux sommets d'efficacité sans compromettre la qualité des soins.

Envisageons également la personnalisation des produits. L'IA permet aux entreprises d'adapter les produits aux spécifications individuelles à grande échelle. Il peut s'agir de vêtements sur mesure fabriqués à la demande ou de compléments alimentaires mélangés quotidiennement pour répondre aux besoins diététiques spécifiques d'une personne. L'impact de l'IA réside dans sa capacité à rendre la personnalisation de masse économiquement viable, alors qu'elle n'était auparavant possible que pour les produits de luxe.

En termes de domotique, l'IA affine nos environnements de vie pour les adapter à nos préférences, d'une manière que nous ne remarquons peut-être même pas consciemment. De l'éclairage qui s'adapte à nos humeurs aux thermostats qui apprennent nos horaires et nos préférences en matière de confort, l'IA dans les maisons intelligentes rend nos espaces personnels encore plus intimes. L'IA ne se contente pas de nous faciliter la vie ; elle fait de nos maisons un prolongement de nos habitudes et de nos préférences.

En ce qui concerne le marketing et la publicité, l'influence de l'IA modifie le paysage de la relation entre les consommateurs et les marques. Le marketing personnalisé ne consiste pas seulement à diffuser la bonne publicité au bon moment ; il s'agit d'élaborer un récit et une expérience qui trouvent un écho au niveau individuel. La capacité de l'IA à interpréter de vastes ensembles de données permet de délivrer avec une grande précision des messages personnalisés qui correspondent au parcours et à l'intention du consommateur.

Le secteur financier n'est pas non plus resté à l'écart de la vague de personnalisation. Les conseils financiers pilotés par l'IA personnalisent la façon dont les particuliers et les entreprises planifient et gèrent leurs finances. Grâce à des informations et à des recommandations personnalisées, l'IA renforce les connaissances financières et l'autonomie—un élément essentiel pour prendre des décisions financières judicieuses dans un monde de plus en plus complexe.

Les voyages et l'hôtellerie bénéficient également de la touche de personnalisation apportée par l'IA. Des plateformes de réservation qui suggèrent des destinations en fonction des voyages passés aux chambres d'hôtel qui s'adaptent aux préférences du client à son arrivée, l'IA ouvre la voie à des expériences qui semblent conçues uniquement pour chaque voyageur.

Mais toutes ces expériences personnalisées s'accompagnent d'un besoin vital de traitement responsable des données. À mesure que nous approfondissons la personnalisation, la sensibilité des données analysées et utilisées par les systèmes d'IA s'accroît. Garantir la protection de la vie privée et la sécurité est primordial, car l'IA fonctionne mieux lorsqu'elle dispose des données les plus précises—et cela signifie souvent les données les plus personnelles. Trouver un équilibre entre les avantages de la personnalisation et la protection des données est un défi permanent qui exige une attention diligente et des solutions innovantes.

En outre, l'avènement de la personnalisation de l'IA nous invite à réfléchir aux implications plus larges de cette technologie. Comment l'adaptation constante des expériences affecte-t-elle notre exposition à des perspectives diverses et remet-elle en question nos idées préconçues ? Une IA conçue pour répondre à toutes nos préférences pourrait involontairement conduire à un rétrécissement de notre vision du monde si elle n'est pas gérée avec soin.

En fin de compte, le rôle de l'IA dans la fourniture d'expériences personnalisées est transformateur. Elle a le pouvoir de toucher le cœur de notre vie quotidienne, de rendre les expériences plus agréables, les rencontres éducatives plus enrichissantes et notre vie globale plus alignée sur nos besoins et aspirations individuels. Alors que nous continuons à libérer le potentiel de l'IA, nous avons la responsabilité de guider son déploiement éthique pour le bien de tous.

En tant que tel, le succès des expériences personnalisées grâce à l'IA dépend de la synergie entre l'innovation, les pratiques éthiques de l'IA et les cadres réglementaires qui protègent les droits individuels sans étouffer le progrès. En conclusion, avec les outils et les connaissances dont nous disposons, le potentiel de création d'un monde où l'IA soutient chacun d'une manière profondément personnalisée n'est pas seulement à portée de vue, mais aussi une réalité réalisable. Cela nous oblige à repousser les limites des capacités de l'IA tout en maintenant un engagement inébranlable en faveur du respect des normes éthiques, de la confidentialité des données et de l'inclusion de diverses perspectives. Grâce à ces efforts, la promesse d'expériences personnalisées de l'IA a le potentiel de devenir l'une des avancées technologiques les plus puissantes de notre époque.

Il n'en reste pas moins que l'intelligence artificielle est une réalité.

Lars Meyer

L'IA dans la santé, l'éducation et les transports

Dans le domaine de la santé, l'intelligence artificielle est devenue à la fois un instrument de précision et une force redoutable dans la prédiction, la prévention et la gestion des maladies. S'appuyant sur des algorithmes d'apprentissage automatique, les systèmes d'IA sont de plus en plus aptes à analyser de vastes ensembles de données de dossiers médicaux afin de découvrir des schémas que les cliniciens humains pourraient négliger. Les systèmes d'aide à la décision, par exemple, aident à diagnostiquer les maladies sur la base des symptômes, de l'imagerie médicale et des informations génétiques, faisant preuve d'une précision qui renforce l'expertise des professionnels de la santé.

De plus, les applications alimentées par l'IA révolutionnent la médecine personnalisée, permettant des traitements spécifiquement adaptés à la constitution génétique d'un individu. Cette avancée permet non seulement d'améliorer l'efficacité des interventions, mais aussi d'atténuer les effets indésirables des médicaments. En outre, l'IA joue un rôle essentiel dans la découverte de médicaments, raccourcissant le cycle de développement de nouveaux médicaments en prédisant comment différents médicaments interagiront avec des cibles dans le corps.

Dans le domaine de l'éducation, l'intelligence artificielle comble les lacunes entre les divers besoins d'apprentissage et l'approche unique qui a traditionnellement défini le secteur. Les technologies d'apprentissage adaptatif ouvrent la voie à un enseignement personnalisé, dans lequel les algorithmes d'IA ajustent les supports d'apprentissage en fonction du rythme et du style de chaque élève. La robotique dans l'éducation n'est pas seulement un outil d'engagement ; elle enseigne le codage et des compétences complexes en matière de résolution de problèmes, qui sont essentielles dans un monde axé sur la technologie. L'IA allège également les charges administratives, en automatisant des tâches telles que la notation et la tenue des dossiers, ce

108

qui donne aux enseignants plus de temps pour se concentrer sur l'interaction directe avec les élèves et l'enseignement.

En ce qui concerne les transports, l'intelligence artificielle est un moteur clé du changement, propulsant l'industrie vers une sécurité et une efficacité accrues. Les véhicules autonomes, qui utilisent l'IA, des capteurs et des données en temps réel, sont sur le point de transformer la façon dont nous nous déplaçons en réduisant l'erreur humaine—la principale cause des accidents de la circulation. En outre, les applications de l'IA dans la gestion du trafic analysent les modèles pour optimiser les horaires des signaux et réduire les embouteillages, ouvrant la voie à des déplacements plus fluides et plus rapides dans les zones urbaines.

L'IA a joué un autre rôle essentiel dans les transports—la maintenance prédictive. En analysant les données provenant de divers capteurs installés sur les véhicules, l'IA peut prédire les défaillances des équipements avant qu'elles ne se produisent, garantissant ainsi la fiabilité de tous les véhicules, qu'il s'agisse de voitures personnelles ou de grandes flottes de véhicules commerciaux. L'intégration de l'IA s'étend également au transport aérien, où l'analyse prédictive améliore l'efficacité opérationnelle en prévoyant les problèmes de maintenance et en optimisant la consommation de carburant. De telles applications permettent de réduire les retards, d'accroître la sécurité et de diminuer l'empreinte carbone de l'industrie aéronautique.

Dans les transports publics, l'IA permet un routage intelligent et une programmation dynamique, en faisant correspondre l'offre à la demande fluctuante et en améliorant ainsi l'expérience des navetteurs. Au-delà de la commodité, ces systèmes intelligents peuvent rendre les transports publics plus durables et plus attrayants, une étape cruciale dans la réduction des émissions de carbone et la lutte contre l'étalement urbain.

L'influence de l'IA dans les soins de santé se poursuit avec les chirurgies assistées par des robots qui combinent la dextérité et la précision des machines avec le jugement et l'expertise des chirurgiens humains. Ces systèmes améliorent les capacités du chirurgien, ce qui peut conduire à des procédures moins invasives, à des temps de récupération réduits et à de meilleurs résultats chirurgicaux. La télémédecine, favorisée par l'IA, est un autre domaine en plein essor qui offre des diagnostics et des plans de traitement à distance, rendant les soins de santé accessibles même dans les régions éloignées.

Les plateformes éducatives pilotées par l'IA améliorent non seulement les expériences d'apprentissage individuelles, mais fournissent également des informations précieuses aux éducateurs en analysant les données relatives aux performances des élèves. En identifiant les tendances et les problèmes potentiels, tels qu'une incompréhension commune d'un concept, les enseignants peuvent ajuster le programme d'études ou offrir un soutien ciblé. Cette approche fondée sur les données garantit que les stratégies éducatives sont adaptées et efficaces.

Le mariage de l'IA et de la santé conduit à des systèmes qui peuvent surveiller la santé des patients en temps réel, en émettant des alertes en cas de schémas irréguliers qui peuvent indiquer la nécessité d'une attention médicale immédiate. La technologie portable, équipée de l'IA, devient ainsi un outil d'évaluation continue de la santé, favorisant les soins préventifs qui peuvent sauver des vies et réduire les coûts des soins de santé.

Dans l'éducation, les assistants virtuels alimentés par l'IA peuvent traiter les demandes courantes des étudiants, en fournissant des réponses instantanées et en libérant des ressources humaines pour des tâches d'assistance plus complexes. Cela permet non seulement de rationaliser l'administration, mais aussi d'adapter l'expérience éducative pour faciliter les services de soutien aux étudiants en dehors des heures de cours traditionnelles.

L'impact de l'IA sur les transports se répercute également sur la logistique et la gestion de la chaîne d'approvisionnement. Elle prédit les délais de livraison, optimise les itinéraires et gère les stocks grâce à l'analyse des données en temps réel, ce qui permet aux entreprises de fonctionner plus efficacement et de répondre rapidement aux demandes du marché. Ce type de pouvoir prédictif favorise une chaîne d'approvisionnement résiliente, capable de s'adapter rapidement aux perturbations.

La transformation apportée par l'IA dans ces trois secteurs—la santé, l'éducation et les transports—n'éclaire qu'une fraction de son potentiel. Dans le domaine de la santé, l'IA est la sentinelle de notre bien-être ; dans le domaine de l'éducation, elle agit comme un mentor personnalisé ; et dans le domaine des transports, elle est le navigateur invisible qui veille à ce que notre voyage se déroule en toute sécurité et sans encombre. L'intersection de ces domaines avec l'IA ne dépeint pas seulement un monde optimisé, mais pose également de profondes questions sur la symbiose entre l'intelligence humaine et son homologue artificielle.

La synchronisation de l'IA au sein de ces composantes essentielles de la société ouvre la voie à un avenir qui est non seulement conscient des besoins individuels, mais qui est également structuré pour agir en conséquence avec une précision et une attention sans précédent. À mesure que nous continuons à dévoiler les capacités de l'IA, nous nous rapprochons d'un monde qui exploite cette puissante technologie pour favoriser la santé, la connaissance et la connectivité.

En même temps, les progrès de l'IA dans ces domaines exigent une approche vigilante de la surveillance, des considérations éthiques et de l'adaptation continue des réglementations. Intégrer l'IA, ce n'est pas seulement exploiter l'innovation technologique—c'est aussi façonner une société qui soit équipée pour en tirer le meilleur parti, de manière éthique, équitable et durable. Cette intégration s'aligne sur l'objectif de ce livre, qui est d'annoncer non seulement les merveilles qu'offre l'IA, mais aussi les responsabilités qu'elle nous confie. Ainsi, la convergence de l'IA dans les domaines de la santé, de l'éducation et des transports constitue non seulement un témoignage de l'ingéniosité humaine, mais aussi un phare pour l'évolution continue de la collaboration entre les humains et les machines.

L'évolution de la relation homme-machine est apparue comme l'un des développements les plus profonds de la tapisserie de notre société, façonnée par l'évolution incessante de l'intelligence artificielle. Alors que nous naviguons à travers les complexités de cette nouvelle ère, l'entrelacement de la cognition humaine avec la précision de l'intelligence des machines a commencé à redéfinir ce que signifie travailler, apprendre et interagir dans le monde interconnecté qui est le nôtre. Ce chapitre se penche sur la métamorphose de notre association avec la technologie, une exploration qui nous invite à réfléchir à la manière dont nous nous adaptons et nous harmonisons avec les homologues numériques qui sont de plus en plus intégrés dans le tissu de notre vie quotidienne.

La relation entre les humains et les machines a eu sa genèse dans de simples outils conçus pour augmenter les capacités physiques, mais à mesure que l'IA continue de progresser, nous assistons à une collaboration transformatrice qui s'étend au-delà de la simple amélioration des tâches physiques. Aujourd'hui, les systèmes d'IA ne se contentent pas d'exécuter des calculs et des processus complexes, ils sont également capables d'apprendre des interactions, englobant des aspects de nos expériences intellectuelles et même émotionnelles. Ainsi, notre lien avec ces systèmes intelligents acquiert une profondeur et une intimité sans précédent.

Quand les machines apprennent

Pour comprendre l'état actuel des relations entre l'homme et la machine, il faut apprécier les nuances de la collaboration entre l'homme et l'IA, qui se caractérise par une dynamique symbiotique. L'avènement des technologies cognitives a ouvert la voie à des machines capables de comprendre nos besoins et nos comportements, s'intégrant ainsi de manière transparente dans nos vies personnelles et professionnelles. Ces technologies facilitent la prise de décision, fournissent des recommandations personnalisées et nous aident à naviguer dans de grandes quantités de données, mettant en évidence une évolution de l'assistance vers le partenariat.

Nos lieux de travail se sont transformés en pôles de synergie homme-AI, où les algorithmes et l'automatisation complètent les compétences humaines, conduisant à une plus grande efficacité et à une plus grande créativité. Dans des secteurs comme la santé, les analyses pilotées par l'IA aident les médecins à diagnostiquer les maladies avec une plus grande précision, illustrant un paradigme où les machines et les professionnels coalisent leur expertise pour obtenir des résultats supérieurs.

Cependant, l'imbrication naissante de l'IA s'étend bien au-delà du domaine de l'emploi. Les systèmes éducatifs déploient l'IA pour offrir des expériences d'apprentissage personnalisées qui s'adaptent au rythme et au style de chaque apprenant, incarnant un niveau de personnalisation qui était auparavant inaccessible. Les étudiants interagissent désormais avec des tuteurs intelligents qui répondent à leurs besoins éducatifs uniques.

A la maison, les appareils intelligents sont passés de l'exécution de tâches de base à la compréhension des habitudes et des préférences de l'utilisateur, créant ainsi un écosystème qui anticipe et répond aux modes de vie des occupants. Cette technologie ne se contente pas de simplifier les tâches routinières, elle aide également les individus à gérer leur santé et leur bien-être, démontrant ainsi le potentiel de l'IA à améliorer la qualité de vie.

Par ailleurs, la progression de l'IA a déclenché une conversation sur la création de liens émotionnels avec les machines. Avec l'émergence de robots sociaux et d'assistants virtuels qui simulent la conversation et la compagnie, nous nous aventurons dans des territoires inexplorés en matière d'attachement et d'interaction. Cette évolution nous invite à revoir nos définitions de la compagnie et du soutien, en réfléchissant aux dimensions psychologiques de notre relation avec les machines.

Dans le paysage de la consommation, l'IA a révolutionné la façon dont nous nous engageons avec les marques et les services. Les moteurs de personnalisation conduisent à des expériences utilisateur uniques en analysant le comportement et les préférences, apportant une touche d'individualité à l'échange commercial. Ce recalibrage de la dynamique du service client illustre la manière dont l'IA personnalise le marché, en alignant plus étroitement les produits et les services sur les désirs des consommateurs.

Aussi avancées que soient ces relations aujourd'hui, la trajectoire suggère qu'elles deviendront plus complexes et plus intégrées. Les systèmes d'IA anticipatifs se profilent déjà à l'horizon, prêts à détecter nos besoins avant que nous ne les exprimions explicitement, brouillant encore davantage les frontières entre les demandes humaines proactives et les prédictions passives des machines. C'est un avenir où l'IA ne se contente pas de répondre, elle anticipe.

Cette intégration soulève des questions cruciales sur la dépendance et la délégation de responsabilité à l'IA. Quel degré de contrôle sommes-nous prêts à transférer à ces systèmes intelligents ? Cela marque-t-il l'aube d'une nouvelle ère de passivité, ou nous permet-il de nous consacrer à des activités plus créatives et plus épanouissantes ? Alors que nous sommes aux prises avec ces décisions, nos valeurs et principes sociétaux façonneront invariablement les limites de cette relation.

Le dialogue concernant la conception éthique des systèmes d'IA est tout aussi important. Avec un degré croissant d'interaction et de dépendance à l'égard de ces technologies, il est crucial de veiller à ce qu'elles reflètent des valeurs équitables et inclusives. Il s'agit d'inculquer à ces systèmes intelligents des principes éthiques qui les protègent contre les préjugés susceptibles de perpétuer les inégalités sociales. Le domaine florissant de l'augmentation humaine et du biohacking témoigne de notre quête d'amélioration de nos propres capacités. Faut-il voir dans ces efforts un prolongement de l'évolution de la relation homme-machine ou une tendance distincte dans la recherche de l'amélioration individuelle ?

Alors que nous nous projetons dans l'avenir, nous pouvons prévoir que l'IA jouera un rôle déterminant dans le façonnement de nos sociétés. Son intégration dans les systèmes de gouvernance, par exemple, pourrait conduire à une prise de décision et à une administration publique plus éclairées. Dans le domaine de la sécurité publique, l'IA peut offrir des perspectives prédictives permettant d'anticiper les menaces et les crises, ce qui pourrait transformer la manière dont nous nous préparons et réagissons aux situations d'urgence.

Pourtant, malgré tout son potentiel, le récit de la relation homme-machine est inextricablement lié à la notion de confiance. Notre volonté de nous fier à l'IA dépend de la transparence et de la responsabilité de ces systèmes. Les créateurs de technologie doivent impérativement veiller à ce que l'IA soit non seulement robuste et fiable, mais aussi compréhensible et explicable pour le grand public.

En conclusion, la trajectoire de la relation homme-machine révèle une histoire d'amélioration mutuelle et une danse complexe d'équilibre. C'est le récit d'une technologie ingénieuse tissée dans la tapisserie de l'expérience humaine, une entreprise comprise non seulement sous l'angle de la réalisation technologique, mais aussi comme un saut évolutif dans notre tissu social. À mesure que nous avançons, il est essentiel de favoriser un monde où l'IA sert d'alliée à l'humanité, nous propulsant vers un avenir marqué par la prospérité partagée et la sagesse collective.

Chapitre 10 :
Préparer l'avenir de l'IA

Au terme de l'exploration des effets profonds de l'IA sur notre vie quotidienne, nous devons maintenant porter un regard critique sur l'horizon, en envisageant les étapes nécessaires pour prospérer dans un avenir infusé par l'IA. Aucune piste ne doit être négligée lorsque nous examinons les paradigmes éducatifs qui doivent évoluer, inspirant l'ardeur dans les cœurs et les esprits des générations futures pour embrasser l'IA non pas comme un concept lointain, mais comme un fil tangible dans le tissu de leurs vocations. Il incombe aux gouvernements et aux individus d'élaborer des stratégies solides qui garantissent la préparation—non seulement comme une quête de connaissances, mais aussi comme une approche globale qui englobe les facettes économiques, sociales et éthiques de l'existence. La feuille de route de cette préparation doit être élaborée en tenant compte de la prévoyance, de l'inclusivité et de l'adaptabilité, afin de garantir que tous les niveaux de la société puissent naviguer dans les marées changeantes du changement. Par-dessus tout, la préparation à un avenir d'IA nous incite à réimaginer nos rôles dans un monde où l'intelligence et la créativité humaines s'alignent sur la perspicacité informatique des machines, promettant une symphonie de collaboration entre l'homme et l'IA qui amplifie notre potentiel pour atteindre des sommets sans précédent.

Réformes éducatives pour l'ère de l'IA

Réformes éducatives pour l'ère de l'IA sont essentielles pour garantir que la société puisse prospérer parallèlement à des homologues technologiques en constante évolution. Ces réformes ne sont pas qu'une simple suggestion, c'est un impératif. L'ère de l'IA a déferlé avec des marées de changement qui ont déjà commencé à remodeler le paysage du travail, de l'éthique et de la vie quotidienne. Par conséquent, les systèmes éducatifs du monde entier doivent subir une transformation pour non seulement coexister avec l'intelligence artificielle, mais aussi pour exploiter son potentiel, en formant une génération aussi compétente et agile que la technologie avec laquelle elle interagira.

D'abord et avant tout, il faut recalibrer le programme d'études. L'éducation traditionnelle a mis l'accent sur la mémoire et les compétences routinières, mais la force de l'IA réside précisément dans ces domaines. Il convient donc de mettre l'accent sur le développement de la flexibilité cognitive, de la capacité à résoudre des problèmes et de l'intelligence émotionnelle—un ensemble d'aptitudes que l'IA ne peut pas facilement reproduire. Encourager la créativité et l'esprit critique dès le plus jeune âge permettra aux générations futures d'exceller dans les tâches qui requièrent l'ingéniosité humaine.

En outre, l'alphabétisation dans le domaine numérique doit devenir une pierre angulaire de l'éducation. Comprendre les principes du codage et de la pensée algorithmique n'est pas réservé aux informaticiens, mais à tous les élèves. Cette maîtrise du numérique permettra aux étudiants de devenir des artisans du monde de l'IA, capables de façonner la technologie pour servir les besoins humains plutôt que d'en être des consommateurs passifs.

L'étude interdisciplinaire est également cruciale à l'ère de l'IA. L'intégration des sciences, de la technologie, de l'ingénierie et des mathématiques (STEM) avec les arts et les sciences humaines reconnaît que les défis résolus par l'IA ne sont pas seulement techniques, mais aussi éthiques et sociétaux. Cette approche holistique de l'éducation favorise une perspective plus nuancée des implications des progrès de l'IA.

Les environnements d'apprentissage collaboratifs doivent remplacer les salles de classe compétitives et individualistes d'autrefois. L'IA excelle dans les tâches individualisées, mais l'enseignement du travail en équipe et de la collaboration prépare les étudiants à travailler avec des partenaires humains et des machines. Ces compétences sont essentielles dans un avenir où les outils d'IA et les membres de l'équipe feront probablement partie de la main-d'œuvre.

À mesure que l'IA personnalise les expériences d'apprentissage, le rôle des éducateurs se transforme. Les enseignants deviendront davantage des facilitateurs ou des mentors, guidant les étudiants à travers des parcours d'apprentissage personnalisés élaborés avec l'aide de l'IA, plutôt que d'être la seule source de connaissances. Avec la menace constante de l'obsolescence, l'apprentissage tout au long de la vie devient une nécessité plutôt qu'une option. Les réformes éducatives pour l'ère de l'IA doivent préconiser des modèles d'apprentissage qui soutiennent l'éducation continue au-delà de la scolarité formelle, en reconnaissance du fait que l'apprentissage est un voyage sans fin dans un monde en constante évolution.

Les méthodes d'évaluation, elles aussi, doivent être révolutionnées. L'accent doit être mis non plus sur la mémorisation par cœur, mais sur des évaluations basées sur des projets et sur l'apprentissage par l'expérience. La démonstration de la capacité d'une personne à appliquer ses connaissances dans des situations pratiques et réelles est bien plus révélatrice de sa réussite future que les examens traditionnels.

L'impact de l'IA sur l'éducation n'est pas seulement méthodologique, mais aussi infrastructurel. Les salles de classe devraient être des espaces conviviaux où les derniers outils d'IA sont à la fois abondants et accessibles. Équiper les écoles de technologies modernes est un investissement dans l'avenir, qui permet aux étudiants d'acquérir une expérience pratique des outils qu'ils rencontreront dans leur vie professionnelle. Il est essentiel de combler le fossé numérique en veillant à ce que tous les élèves aient accès à une éducation de qualité en matière d'IA afin d'éviter une plus grande stratification de la société. Cela signifie non seulement l'accès à la technologie, mais aussi à un enseignement de haute qualité, indépendamment du statut géographique ou socio-économique.

Les réformes de l'enseignement primaire et secondaire préparent le terrain, mais l'enseignement supérieur doit également s'adapter. Les universités doivent se concentrer sur la recherche et le développement multidisciplinaires en matière d'IA, tout en adaptant les programmes d'études aux nouvelles exigences du marché. Cela pourrait se traduire par la naissance de nouveaux domaines d'études et la redéfinition des domaines existants.

Par la suite, la formation éthique en matière d'IA doit être omniprésente à tous les niveaux de l'enseignement. Les étudiants apprennent à utiliser l'IA, mais il faut aussi leur inculquer un sens aigu de l'éthique pour s'assurer qu'ils orientent les applications de l'IA de manière équitable, impartiale et pour le bien de l'humanité.

Il faut aussi adopter le concept de "salles de classe mondiales", où les étudiants de différentes parties du monde apprennent les uns avec les autres et les uns par les autres en utilisant l'IA et les médias numériques. Cela les prépare à une main-d'œuvre non seulement interprofessionnelle, mais aussi internationale.

En outre, les décideurs et les parties prenantes du secteur de l'éducation doivent s'engager activement dans des discussions sur l'avenir de l'IA, en veillant à ce que les réformes ne soient pas réactives, mais proactives. Ils doivent anticiper la manière dont l'IA continuera d'évoluer et créer de manière préventive des environnements éducatifs capables de s'adapter à ces changements en douceur et rapidement.

Enfin, ces réformes éducatives nécessitent une collaboration entre les gouvernements, les établissements d'enseignement, l'industrie technologique et les communautés. C'est une convergence d'intérêts et d'expertise qui permettra de forger un cadre éducatif solide, capable de soutenir l'ère de l'IA et de maximiser son potentiel pour tous.

En conclusion, à mesure que l'IA s'imbrique dans le tissu social, la réforme des systèmes éducatifs dans le monde entier n'est pas seulement bénéfique, mais absolument essentielle. La génération que nous éduquons aujourd'hui sera la pionnière d'un monde enrichi par l'IA, et il est de notre responsabilité de la doter des connaissances, des compétences et des bases éthiques qui lui permettront d'y naviguer avec succès et humanité.

Anticiper les besoins des générations futures exige de la prévoyance et un engagement profond pour garantir que nos avancées technologiques ouvrent la voie à un monde prospère et équitable. Cet objectif est particulièrement important à l'heure où nous entrons dans le domaine de l'intelligence artificielle—une force de transformation prête à redéfinir tous les aspects de notre existence. Les enfants de demain vivront dans un monde profondément lié à l'IA. Alors, comment pouvons-nous modeler cette technologie pour favoriser un environnement qui encourage la croissance, l'égalité et la durabilité ?

En façonnant les systèmes d'IA, il est essentiel de prendre en compte les conséquences à long terme en plus des avantages immédiats. Une innovation à courte vue peut offrir des avancées temporaires, mais elle peut aussi conduire à des défis imprévus qui pèseront sur les générations futures. Il faut s'efforcer de construire une IA qui s'aligne sur les valeurs durables de la société, en mettant l'accent sur le bien-être à long terme plutôt que sur les gains éphémères.

Lars Meyer

L'IA que nous développons aujourd'hui aura un impact significatif sur les systèmes éducatifs. Nous devons intégrer l'IA dans les programmes d'études, non seulement en tant que sujet d'étude, mais aussi en tant qu'outil personnalisé pour améliorer l'apprentissage. L'IA peut s'adapter aux styles d'apprentissage, au rythme et aux préférences de chacun, ce qui pourrait réduire les disparités en matière d'éducation et permettre à des populations entières d'atteindre de nouveaux niveaux d'alphabétisation et d'esprit critique.

En ce qui concerne la durabilité environnementale, l'IA a le potentiel de surveiller et de gérer les ressources naturelles avec une précision sans précédent. Toutefois, il est essentiel de veiller à ce que ces solutions intelligentes n'entraînent pas un coût exorbitant pour la planète. C'est pourquoi la construction d'une IA respectueuse de l'environnement—de systèmes économes en énergie et minimisant l'empreinte environnementale—est une obligation pour nos successeurs.

Il est crucial d'instiller des valeurs d'équité, de diversité et d'inclusion dans le codage même de l'IA. Les algorithmes d'aujourd'hui sont les juges, les conseillers et les compagnons de demain. Ils doivent refléter la riche tapisserie de la culture humaine, être sensibles aux nuances et aux besoins de toutes les catégories de la population. Il ne s'agit pas seulement d'un défi technique, mais aussi d'un défi profondément ancré dans les valeurs sociales.

Il est de plus en plus nécessaire de réfléchir à la manière dont l'IA modifiera le paysage du travail. Si l'automatisation entraînera probablement la disparition progressive de certains emplois, la promotion d'une culture de l'apprentissage tout au long de la vie peut permettre aux individus de s'orienter vers les rôles que l'IA créera. Les systèmes éducatifs d'aujourd'hui doivent s'adapter pour préparer les étudiants à une main-d'œuvre agile et augmentée par l'IA.

Quand les machines apprennent

Les dilemmes éthiques que présente l'IA—comme les préoccupations en matière de protection de la vie privée, la surveillance et la transparence des décisions—exigent que nous fournissions des cadres solides pour que nos enfants puissent s'y retrouver. Nous devrions mettre en place des organes législatifs et des organismes de surveillance capables de superviser efficacement l'IA, en veillant à ce qu'elle fonctionne dans les limites des contrats sociaux établis. Il ne s'agit pas seulement de protéger les données et les systèmes contre les cybermenaces, mais aussi de préserver l'essence même de l'autonomie humaine. Les progrès de l'IA doivent s'accompagner d'avancées dans les stratégies de cyberdéfense, les technologies de protection et la sensibilisation du public à l'hygiène de la sécurité numérique.

Alors que nous progressons dans les soins de santé pilotés par l'IA, il est essentiel de donner la priorité à l'accessibilité de ces technologies qui changent la vie. L'IA pourrait révolutionner le diagnostic, le traitement et les soins préventifs, en réduisant la charge bureaucratique des systèmes de santé et en conduisant à des résultats plus équitables en matière de santé. Toutefois, il convient de planifier stratégiquement cette évolution afin d'éviter de créer une nouvelle facette de la fracture numérique.

Le transport est un autre domaine dans lequel l'IA peut être bénéfique pour les populations futures. Les véhicules autonomes promettent de révolutionner nos modes de déplacement, en réduisant les accidents et en optimisant les flux de circulation. L'infrastructure et les cadres réglementaires de ces technologies doivent être mis en place dès maintenant, avec un regard attentif sur la sécurité, l'efficacité et la planification urbaine.

Pour assurer un développement responsable de l'IA, la promotion de la sensibilisation et de l'engagement du public est tout aussi importante que l'innovation technique. Les citoyens de demain doivent être dotés d'une bonne compréhension de l'IA, ainsi que des outils nécessaires pour remettre en question et façonner sa trajectoire. Il s'agit notamment d'encourager la pensée critique et le questionnement éthique dès le plus jeune âge.

La réduction de la fracture numérique est une question urgente, car l'IA a le pouvoir de creuser ou de combler ce fossé. Un accès inclusif à la technologie peut contribuer à aplanir les inégalités, en offrant aux générations futures des conditions de concurrence équitables. Il est de notre devoir de mettre en place des infrastructures et des programmes qui favorisent l'égalité d'accès aux outils d'IA et à l'éducation.

En outre, l'effet de l'IA sur notre bien-être psychologique et émotionnel ne peut être négligé. À mesure que l'IA s'intègre dans la vie quotidienne, il est essentiel de guider les générations futures dans la gestion de leur relation avec la technologie, en encourageant une utilisation équilibrée qui favorise la santé mentale et physique.

Anticiper les implications art-culturelles de l'IA est un défi unique. L'IA n'est pas seulement une entreprise scientifique, mais aussi un catalyseur pour de nouvelles formes d'expression créative. Nous devons favoriser un environnement qui encourage l'interaction entre la créativité humaine et l'IA, en préservant le patrimoine culturel tout en adoptant des formes d'art novatrices.

Enfin, il est essentiel d'envisager le rôle de l'IA dans la gouvernance. Sera-t-elle un outil d'autonomisation, permettant aux citoyens de s'exprimer et renforçant les processus démocratiques ? Ou pourrait-elle devenir un moyen de contrôle ? Élaborer aujourd'hui une politique qui aligne l'IA sur les principes de la démocratie préservera les intérêts des futurs citoyens, en leur permettant d'hériter non seulement de la technologie, mais aussi du système de valeurs qui la guide.

L'histoire de l'IA n'a pas fini de se dérouler, et nous avons une occasion unique de façonner son récit. Ce que nous mettons en œuvre aujourd'hui résonnera à travers les âges. Rêvons d'un avenir gratifié du potentiel de l'IA et assumons la responsabilité de construire un monde où la technologie ne se contente pas de faire progresser nos capacités, mais préserve également notre humanité commune pour tous ceux qui viendront après nous.

L'histoire de l'IA est encore en cours et nous avons une occasion unique de façonner son récit.

Stratégies de préparation pour les gouvernements et les particuliers

Alors que nous entrons de plain-pied dans l'ère de l'intelligence artificielle, la préparation est primordiale. Les gouvernements et les particuliers doivent élaborer des stratégies pour s'adapter au pouvoir de transformation de l'IA et en récolter les fruits, tout en atténuant les risques et les défis qu'elle pose. Ces stratégies ne sont pas seulement une option ; elles sont une nécessité pour récolter les fruits positifs de l'IA tout en minimisant les perturbations potentielles.

Pour les gouvernements, la préparation commence par la politique et l'investissement publics. Il faut une couche fondamentale de politiques favorables à l'IA qui encouragent l'innovation tout en protégeant le public. Les gouvernements doivent investir dans les infrastructures, telles que l'internet à haut débit et les centres de données capables de traiter et d'analyser de grandes quantités de données. Cela crée un terrain fertile pour que les technologies de l'IA se développent et évoluent efficacement au sein de leurs juridictions.

Les systèmes éducatifs doivent être réévalués pour s'assurer qu'ils reflètent les compétences nécessaires dans une économie axée sur l'IA. La pensée critique, la résolution de problèmes et l'adaptabilité doivent être au centre des préoccupations, parallèlement aux compétences techniques en science des données et en codage. Des programmes d'études avant-gardistes, des programmes d'apprentissage et des possibilités de formation continue peuvent aider la main-d'œuvre à rester pertinente dans un paysage en constante évolution.

En outre, les politiques de protection sociale devront évoluer. Avec le risque de déplacement d'emplois dû à l'automatisation, des stratégies telles que le revenu de base universel ou les filets de sécurité pour la reconversion devraient être discutées et testées. Les gouvernements doivent également encourager les initiatives entrepreneuriales afin de créer de nouvelles opportunités d'emploi qui prospèrent avec l'IA.

Sur le plan juridique, des cadres réglementaires régissant l'utilisation et le développement de l'IA doivent être mis en place. Cela inclut des règles claires sur l'utilisation éthique de l'IA, la protection de la vie privée et la protection des données. Un cadre juridique à la fois souple et solide peut contribuer à renforcer la confiance des citoyens tout en permettant l'innovation et le déploiement des technologies d'IA.

Un autre facteur essentiel pour les gouvernements est la collaboration internationale. Aucun pays n'existe en vase clos, et l'influence de l'IA dépasse les frontières. Le partage des meilleures pratiques, l'établissement de normes internationales et la promotion d'un dialogue ouvert sur les politiques en matière d'IA peuvent profiter à toutes les nations. Ce faisant, les gouvernements contribuent à créer un environnement mondial propice au développement responsable, équitable et bénéfique de l'IA.

Pour les individus, être prêt signifie rester informé et s'engager dans les développements de l'IA. Il s'agit notamment d'adopter un état d'esprit axé sur l'apprentissage tout au long de la vie. Il est également essentiel de comprendre les considérations éthiques et les préjugés qui peuvent survenir dans les systèmes d'IA et de s'exprimer sur l'importance d'applications d'IA équitables et responsables.

Quand les machines apprennent

La protection des données personnelles est un autre point important. Les individus devraient mieux connaître leurs empreintes numériques, comprendre leurs droits et la mesure dans laquelle leurs données sont utilisées et potentiellement monétisées. Le cryptage, les mots de passe sécurisés et une compréhension générale de l'hygiène numérique peuvent protéger contre l'utilisation abusive des informations personnelles.

Il est également bénéfique pour les individus de participer au discours sur l'IA - cela peut signifier contribuer aux conversations dans leurs communautés ou sur les plateformes en ligne, se tenir au courant des actions législatives et plaider en faveur de pratiques équitables et éthiques en matière d'IA. L'engagement à ce niveau garantit que diverses voix sont entendues et que le développement de l'IA tient compte d'un large éventail de perspectives et d'impacts.

Le bénévolat et la participation à des initiatives communautaires peuvent également amplifier la préparation d'une personne à l'intégration de l'IA. Il peut s'agir d'enseigner des compétences numériques dans les communautés locales, de participer à des hackathons ou d'aider des organisations à but non lucratif à s'orienter dans le paysage numérique. Ces activités contribuent à une culture d'inclusion, garantissant que les avantages de l'IA sont accessibles à tous.

En outre, la création de réseaux personnels et professionnels comprenant des personnes intéressées par l'IA peut offrir des possibilités de collaboration et de soutien. Ces structures sociales peuvent servir de tremplin pour des idées novatrices, ainsi que de filet de sécurité en période de changement ou d'incertitude.

La santé est un autre domaine dans lequel les individus peuvent prendre les choses en main en adoptant des technologies basées sur l'IA pour gérer leur santé personnelle. L'utilisation d'applications et d'appareils qui aident à surveiller les paramètres de santé personnels peut faire des individus des participants actifs à leurs soins de santé, ce qui pourrait conduire à des soins plus personnalisés et préventifs.

Dans la sphère financière, les individus doivent se préparer en comprenant et éventuellement en tirant parti d'outils financiers pilotés par l'IA. Cela inclut les plateformes d'investissement automatisées, les applis de finances personnelles et les technologies blockchain, qui peuvent transformer la façon dont les individus épargnent, investissent et gèrent leur argent. La littératie financière à l'ère de l'IA sera essentielle à la santé et à la sécurité fiscales personnelles.

Enfin, la préparation mentale et émotionnelle ne doit pas être négligée. Les implications de l'IA sur le sentiment d'utilité, l'identité et le rôle sociétal de chacun ne peuvent être sous-estimées. Les individus doivent s'efforcer de cultiver leur résilience mentale et d'adopter une perspective équilibrée sur le rôle de l'IA dans le façonnement de l'avenir de l'humanité, en reconnaissant à la fois son potentiel et ses limites.

Alors que nous nous efforçons de concilier l'acceptation du potentiel de l'IA et la protection de nos valeurs sociétales, les gouvernements et les individus devront se montrer proactifs. En adoptant des stratégies globales qui englobent l'éducation, l'élaboration de politiques, les cadres juridiques et les considérations éthiques, nous pouvons faire en sorte que notre voyage dans l'avenir de l'IA ne débouche pas seulement sur l'innovation, mais qu'il préserve également notre humanité. Le succès à l'ère de l'IA n'exige rien de moins que notre vigilance persistante et notre capacité d'adaptation dynamique.

Chapitre 11 :
Résumé des principales conclusions

L e voyage à travers le paysage évolutif de l'intelligence artificielle présente une mosaïque d'innovations, de défis et de changements profonds. Dans ce chapitre essentiel, nous consolidons notre exploration à multiples facettes, en mettant en évidence les avancées les plus marquantes qui ont fait de l'IA un pilier de la société moderne. Nous avons vu comment les os de l'IA ont été assemblés, examiné les technologies qui redéfinissent aujourd'hui les industries et analysé les dilemmes éthiques qui émergent dans le sillage de l'IA. Il est évident qu'à mesure que les professions sont remodelées, que les paradigmes de la protection de la vie privée sont mis à l'épreuve et que notre acuité numérique collective s'accroît, l'humanité se trouve à l'aube d'une ère augmentée par l'IA. Cette consolidation n'est pas un simple reflet, mais un phare qui éclaire la métamorphose sociétale en cours. Les triomphes technologiques mis en lumière ici représentent plus qu'une simple invention&mdash ; ils annoncent une renaissance du potentiel humain, bien qu'entrelacés avec des fils de prudence en matière de gouvernance et de prévoyance éthique. S'il y a un fil conducteur à travers ces résultats, c'est l'esprit indomptable du progrès, qui nous pousse à regarder attentivement le passé et à comprendre le présent, dans le but de naviguer dans les horizons changeants d'un avenir dominé par l'IA.

Il est important de souligner que la technologie de l'information est un élément essentiel de l'identité humaine.

Lars Meyer

Les percées technologiques

Alors que le monde s'engage dans une voie où l'intelligence artificielle (IA) remodèle de nombreux aspects de notre vie, il est essentiel de réfléchir aux percées technologiques qui ont jeté les bases de cette ère de transformation. Les progrès réalisés dans ce domaine dynamique témoignent de l'ingéniosité humaine et de la poursuite incessante de l'innovation. Dans les paragraphes suivants, nous allons explorer certains des développements les plus significatifs qui ont fait avancer l'IA de manière significative.

L'une des avancées les plus significatives en matière d'IA est le développement de l'apprentissage profond, un sous-ensemble d'algorithmes d'apprentissage automatique inspirés par la structure et la fonction du cerveau, appelés réseaux neuronaux artificiels. La renaissance de l'apprentissage profond est l'aboutissement de décennies de recherche, les percées récentes ayant été facilitées par l'augmentation de la puissance de calcul et des grands ensembles de données. Cette innovation a permis aux machines de traiter et d'interpréter des données complexes à des vitesses et avec des précisions auparavant inaccessibles, révolutionnant des domaines tels que la reconnaissance d'images et de la parole.

L'expansion des ressources informatiques en nuage a joué un rôle central dans l'évolution de l'IA. Les plateformes en nuage ont démocratisé l'accès à de puissantes ressources informatiques, permettant aux chercheurs et aux développeurs de former des modèles plus sophistiqués. Cette expansion a non seulement accéléré le rythme de la recherche en IA, mais a également facilité l'adoption généralisée de solutions d'IA dans divers secteurs.

Un autre saut technologique se présente sous la forme du traitement du langage naturel (NLP). Le traitement du langage naturel a connu des progrès remarquables, illustrés par des modèles sophistiqués capables de comprendre et de générer des textes

130

semblables à ceux d'un être humain. L'émergence de modèles linguistiques tels que le GPT-3 a mis en évidence le potentiel de l'IA à comprendre le contexte et les nuances de notre langue écrite et parlée, ouvrant ainsi de nouvelles voies à l'interaction homme-machine.

La robotique autonome a également connu une croissance étonnante grâce à l'IA. Des voitures autonomes aux drones capables de livrer des colis, l'IA a doté les robots de la capacité de naviguer et de prendre des décisions en temps réel, ce qui accroît considérablement leur utilité et leur fiabilité. Cette intégration de l'IA et de la robotique n'est pas seulement en train de changer les industries, mais aussi de remodeler le tissu même de la société en introduisant des niveaux d'automatisation sans précédent.

L'informatique quantique, bien qu'elle en soit encore à ses débuts, promet de donner un coup d'accélérateur aux capacités de l'IA. En exploitant les principes de la mécanique quantique, les ordinateurs quantiques peuvent traiter des problèmes complexes à des vitesses inaccessibles aux ordinateurs traditionnels. Alors que les chercheurs continuent d'explorer cette frontière, la synergie entre l'informatique quantique et l'IA pourrait permettre de résoudre des problèmes qui sont actuellement considérés comme insolubles.

Les percées dans le domaine du matériel ont été tout aussi importantes que les avancées dans le domaine des logiciels. Le développement de processeurs spécialisés tels que les unités de traitement graphique (GPU) et les unités de traitement tensoriel (TPU) a considérablement accéléré la formation et le déploiement des modèles d'IA. Ces puces spécialisées sont capables de gérer les exigences de traitement parallèle des algorithmes d'apprentissage automatique, ce qui les rend indispensables dans la boîte à outils de l'IA d'aujourd'hui.

L'IA a fait des progrès considérables dans l'analyse prédictive, permettant à des secteurs comme la finance, les soins de santé et la science du climat de tirer des enseignements de quantités massives de données. En prévoyant avec précision les tendances et les modèles, ces modèles permettent de prendre des décisions éclairées, d'évaluer les risques et d'élaborer des plans stratégiques. Les modèles prédictifs sont devenus plus efficaces et plus robustes, grâce à l'amélioration constante des algorithmes et des capacités de traitement des données.

L'apprentissage par renforcement, un domaine de l'apprentissage automatique qui s'intéresse à la manière dont les agents logiciels doivent agir dans un environnement pour maximiser une certaine notion de récompense cumulée, a également connu des avancées impressionnantes. Les algorithmes d'apprentissage par renforcement ont été au cœur de systèmes qui ont maîtrisé des jeux complexes comme le Go et le poker, battant des joueurs humains de classe mondiale et démontrant le potentiel de l'IA pour relever des défis stratégiques complexes.

L'avènement des réseaux adversaires génératifs (GAN) représente un autre développement transformateur. Ces réseaux, qui mettent en concurrence deux modèles d'IA, ont permis de générer des images, des vidéos et des enregistrements vocaux d'un réalisme étonnant. Les GAN ont des applications dans les domaines de l'art et du divertissement et constituent également un outil puissant pour l'augmentation des données dans le cadre de la formation des modèles d'apprentissage automatique. La découverte de médicaments par l'IA accélère le développement de nouveaux médicaments en analysant les données biologiques des candidats potentiels à une vitesse sans précédent, ce qui est révolutionnaire, en particulier face aux défis mondiaux en matière de santé.

Le développement de l'IA éthique est devenu un point central, avec des avancées significatives dans la création de systèmes qui intègrent l'équité, la responsabilité et la transparence. Les ingénieurs et les chercheurs intègrent désormais des considérations éthiques dans le processus de développement de l'IA, s'efforçant de créer des algorithmes qui ne sont pas seulement puissants, mais aussi conformes aux valeurs et aux normes de la société.

Une autre révélation de l'IA est la personnalisation des expériences d'apprentissage grâce à des systèmes d'apprentissage adaptatifs. Ces systèmes exploitent l'IA pour adapter le contenu éducatif aux styles et aux rythmes d'apprentissage uniques de chaque étudiant. Cette personnalisation a le potentiel de transformer le paysage éducatif, en rendant l'apprentissage plus attrayant et plus efficace.

L'IA dans la cybersécurité représente un tournant dans la défense contre des cybermenaces de plus en plus sophistiquées. Les systèmes d'IA peuvent désormais surveiller les modèles et détecter les anomalies en temps réel, prédisant et neutralisant les cyberattaques potentielles avant qu'elles ne puissent nuire. Cette approche proactive de la cybersécurité utilise la puissance de l'IA pour garder une longueur d'avance sur les menaces, offrant ainsi un environnement numérique plus sûr aux individus comme aux organisations.

La créativité des machines est également passée au premier plan, l'IA ne se contentant pas d'optimiser les tâches, mais s'engageant également dans des processus créatifs. Les algorithmes d'IA composent de la musique, créent des œuvres d'art et écrivent des histoires, remettant en question nos notions conventionnelles de créativité et suscitant des conversations sur le rôle de l'IA dans les industries créatives. Cette innovation brouille les frontières entre le contenu créé par l'homme et celui créé par la machine, repoussant les limites de ce qui est possible dans le domaine de la créativité.

En conclusion, ces percées technologiques ne sont pas simplement des mises à jour progressives, mais représentent des sauts monumentaux qui redéfinissent ce qui est possible avec l'IA. Elles constituent une tapisserie d'opportunités et de défis qui continueront à se déployer dans les années à venir. Tirer parti de ces innovations de manière responsable et stratégique est la clé d'un avenir où l'IA sera un catalyseur du potentiel humain et une source de changement positif dans le monde.

Il n'y a pas d'autre solution que de tirer parti de ces innovations.

Les changements sociétaux induits par l'émergence et l'intégration de l'intelligence artificielle (IA) sont profonds et d'une grande portée. Ces changements reflètent une évolution fondamentale de la manière dont les humains interagissent avec la technologie et les uns avec les autres. L'IA, en tant que technologie transformatrice, a commencé à remodeler les industries, à redéfinir l'emploi, à modifier les relations humaines et à remettre en question nos cadres éthiques. Mais au-delà de ces impacts immédiats, il y a une modification plus profonde et plus étendue des structures sociétales et des normes culturelles.

L'engagement initial avec l'IA apporte l'attrait de l'automatisation, souvent considérée comme une passerelle vers des gains d'efficacité indicibles. Pourtant, l'effet d'entraînement de l'automatisation entraîne des changements significatifs dans l'ensemble de la société. Les paysages professionnels traditionnels évoluent ; là où se trouvaient autrefois des rôles définis par la routine, la prévisibilité et l'effort manuel, ils se caractérisent aujourd'hui de plus en plus par le besoin d'adaptabilité, d'innovation et de maîtrise du numérique.

Les technologies de l'IA ne se contentent pas de compléter les emplois existants, mais elles engendrent la création d'emplois entièrement nouveaux, exigeant des compétences que nous n'avions pas prévues. Alors que les établissements d'enseignement s'empressent de réformer les programmes en conséquence, l'apprentissage tout au long de la vie est en train de devenir la norme—étendant la portée et la durée de l'éducation tout au long de la vie. Les sociétés sont confrontées au besoin profond d'améliorer les compétences de leurs citoyens pour prospérer dans une économie augmentée par l'IA.

Quand les machines apprennent

Le tissu social lui-même est en train de se transformer, car les systèmes d'IA commencent à jouer un rôle important dans les processus de prise de décision. Les systèmes juridiques, les soins de santé et même la gouvernance trouvent peu à peu le moyen d'intégrer les connaissances de l'IA dans leurs opérations fondamentales, ce qui permet d'obtenir des résultats plus rapides et souvent plus efficaces. Toutefois, ces applications soulèvent également d'importantes questions en matière d'équité et de justice, car les processus algorithmiques peuvent refléter et perpétuer les préjugés sociétaux existants.

La propagation de l'IA dans la vie quotidienne remet en question notre conception de la vie privée. Les grandes quantités de données nécessaires pour alimenter les systèmes d'IA ont suscité des inquiétudes quant à la surveillance et à l'utilisation abusive des données. Les implications pour le droit à la vie privée devront être traitées par le biais de modèles de gouvernance des données et de réglementations robustes, remodelant le contrat entre les individus, les entreprises et les États.

Les paradigmes de la communication évoluent également. Les plateformes de médias sociaux alimentées par l'IA, les chatbots et les assistants virtuels modifient la façon dont nous nouons des relations, consommons des informations et même comprenons le monde. Ces plateformes jouent un rôle essentiel dans la formation de l'opinion publique et la création de communautés numériques qui transcendent les frontières géographiques.

L'infiltration de l'IA dans les domaines créatifs entraîne un brouillage des lignes entre le contenu généré par l'homme et celui généré par la machine. L'art, la musique, la littérature et le journalisme connaissent un afflux de créations assistées par l'IA, remettant en question les normes établies en matière de paternité et de créativité et nous incitant à reconsidérer ce que signifie être un créateur.

Le consumérisme éthique et la durabilité s'imposent de plus en plus à mesure que l'IA permet de faire des choix plus éclairés et de gérer les ressources de manière plus efficace. Les capacités d'analyse des données de l'IA permettent de retracer le cycle de vie des produits, de gérer les déchets et d'optimiser la consommation d'énergie, ce qui incite les sociétés à adopter des pratiques plus respectueuses de l'environnement.

Les gouvernements du monde entier sont confrontés à la tâche de réévaluer les cadres politiques pour s'adapter aux changements sociétaux induits par l'IA. Il s'agit notamment des aspects liés au bien-être, à la répartition des revenus, à l'éducation et aux services de santé. Le potentiel de l'IA à exacerber ou à atténuer les inégalités sociales impose aux décideurs politiques d'agir de manière prévoyante et responsable. L'intégration de l'IA dans les arts, la traduction des langues et l'éducation ne se contente pas de faire tomber les barrières linguistiques, elle encourage également un échange culturel mondial plus inclusif. Notre village mondial est de plus en plus connecté et diversifié, car les plateformes alimentées par l'IA offrent un élargissement des perspectives et des expériences autrefois limitées par les frontières géographiques et linguistiques.

Dans le domaine des soins de santé, l'IA révolutionne les diagnostics, les soins aux patients et la médecine personnalisée. Ces innovations promettent de prolonger la vie et d'en améliorer la qualité. Cependant, elles modifient également notre vision des responsabilités et des capacités en matière de santé, influençant les points de vue de la société sur le bien-être, la prévention et l'éthique de l'intervention algorithmique dans les décisions de vie ou de mort.

L'avènement de l'IA a un impact significatif sur les considérations relatives à la sécurité. Des capacités de surveillance renforcées et des services de police prédictifs alimentés par des algorithmes d'IA sont mis en œuvre pour protéger les sociétés. Néanmoins, ces mêmes outils soulèvent des dilemmes éthiques concernant les libertés civiles et le risque d'utilisation abusive entre les mains des autorités.

Le phénomène de l'IA catalyse également des changements dans nos environnements psychosociaux, les machines devenant non seulement des outils, mais aussi des compagnons. Les robots de type humain et les systèmes d'IA pourraient profondément affecter les interactions sociales et la formation de l'identité individuelle, modifiant potentiellement le fondement de nos structures sociales.

Enfin, l'influence de l'IA nous oblige à nous confronter à des questions philosophiques concernant la conscience, la nature de l'intelligence et l'avenir de l'humanité elle-même. Ces questions sont omniprésentes dans les discussions à tous les niveaux de la société, des cercles universitaires aux conversations quotidiennes. Les réponses que nous trouvons collectivement et les récits que nous construisons définiront l'orientation de notre avenir à l'ère de l'IA.

Les changements sociétaux induits par l'IA sont multidimensionnels et continus. Pour naviguer dans ces eaux, il faudra faire preuve de sagesse, d'adaptabilité et d'un engagement à faire en sorte que la technologie serve le bien commun. Alors que la société subit cette transformation historique, nous sommes à l'aube d'une renaissance alimentée par l'IA—un moment charnière qui pourrait redéfinir ce que signifie vivre, travailler et coexister dans notre monde en mutation rapide.

Les changements sociétaux induits par l'IA sont multidimensionnels et continus.

Regarder le passé, comprendre le present

Alors que nous sommes à l'aube de futures avancées en matière d'intelligence artificielle, il est essentiel de réfléchir au parcours qui nous a menés jusqu'à aujourd'hui—un paysage dynamique où l'IA est intimement liée à notre existence quotidienne. Ce regard rétrospectif nous permet non seulement de nous ancrer dans la réalité de nos avancées historiques, mais il offre également une riche tapisserie à partir de laquelle nous pouvons comprendre les complexités d'aujourd'hui. Considérer le passé revient à déchiffrer une carte ; cela nous permet de connaître le terrain que nous avons traversé et nous prépare aux chemins à venir.

L'histoire de l'IA regorge de moments charnières et de développements décisifs. Dès le milieu du XXe siècle, des visionnaires comme Alan Turing se sont interrogés sur la possibilité pour les machines de penser. Cette curiosité a conduit à la création d'algorithmes fondamentaux et d'ordinateurs rudimentaires capables d'effectuer des tâches de base. Au fur et à mesure que ces machines évoluaient, leur capacité à traiter les informations et à imiter les fonctions cognitives évoluait également—une caractéristique des premiers progrès de l'IA.

Au fil des décennies, le développement de l'IA s'est caractérisé par une alternance de périodes d'enthousiasme et de scepticisme, souvent appelées les étés et les hivers de l'IA. L'enthousiasme initial suscité par le potentiel des systèmes d'IA a cédé la place à la frustration lorsqu'ils n'ont pas répondu à des attentes démesurées. Cependant, le cycle de ces périodes a servi à quelque chose. Elles témoignent de la résilience humaine et de la volonté d'innover, qui ont permis à l'IA non seulement de perdurer, mais aussi de prospérer.

Aujourd'hui, la prolifération des données et les progrès de la puissance de calcul ont ouvert la voie à une nouvelle ère pour l'IA. Les algorithmes d'apprentissage automatique, alimentés par des ensembles de données massives et la capacité de s'auto-améliorer, ont permis des percées que l'on croyait auparavant relever de la science-fiction. Les modèles d'IA d'aujourd'hui, du traitement du langage naturel à l'analyse prédictive, sont profondément plus sophistiqués et imbriqués dans le tissu social que leurs prédécesseurs n'auraient jamais pu l'imaginer.

Dans le monde du travail, l'influence de l'IA est flagrante. L'automatisation des tâches routinières a suscité des inquiétudes quant au déplacement des emplois, mais elle a également créé des opportunités sans précédent pour la main-d'œuvre qualifiée. La transformation au sein des industries a créé une demande pour de nouveaux rôles—scientifiques des données, éthiciens de l'IA et ingénieurs en apprentissage automatique, pour n'en citer que quelques-uns—chacun étant une conséquence directe de l'évolution technologique.

Ces avancées technologiques s'accompagnent de défis éthiques aussi nuancés qu'essentiels. Les débats sur la partialité, l'équité et la responsabilité des algorithmes continuent de façonner les politiques et les pratiques en matière de déploiement de l'IA. L'histoire de l'IA est aussi celle de l'intégration sociétale, depuis l'acceptation timide jusqu'aux infusions presque transparentes de l'IA dans la vie quotidienne d'aujourd'hui. À mesure que la résistance sociale s'estompe, nous nous retrouvons à coopérer davantage avec les systèmes d'IA, qu'il s'agisse de recevoir des recommandations d'un assistant virtuel ou d'utiliser l'IA pour des programmes d'éducation personnalisés. Cette harmonie entre les besoins humains et les capacités technologiques témoigne d'une confiance et d'une compréhension croissantes du rôle de l'IA dans la société.

En outre, la protection des données et de la vie privée s'est hissée au premier plan des discussions sur l'IA. Les leçons tirées des violations et des utilisations abusives de données dans le passé ont stimulé le développement de techniques de cryptage robustes et de modèles de gouvernance visant à protéger la vie privée des individus tout en favorisant l'innovation. Cet équilibre, délicat mais essentiel, illustre les efforts déployés pour tirer les leçons du passé afin de préserver l'avenir.

La collaboration entre l'homme et l'IA est en plein essor, comme en témoignent les systèmes conçus pour augmenter—plutôt que remplacer—les capacités de l'homme. Ces efforts de collaboration découlent de la compréhension du fait que le véritable potentiel de l'IA est libéré lorsqu'elle complète les compétences humaines plutôt que de les concurrencer. Les implications sociétales à long terme de cette synergie pourraient définir le cours du développement humain.

L'innovation alimentée par l'intelligence artificielle n'est pas l'apanage des pays riches ou des entreprises de taille conglomérale. La progression historique de l'IA nous montre que la démocratisation de la technologie peut favoriser un avenir plus inclusif. Des études de cas d'innovations basées sur l'IA mettent en évidence la manière dont diverses collaborations, entre des startups et des entreprises établies ou au-delà des frontières internationales, ont stimulé la croissance et élargi la portée des avantages de l'IA.

En adoptant une perspective globale, l'évolution de l'IA ne peut être discutée sans reconnaître le rythme variable de l'adoption et du développement dans les différentes régions. La lutte historique pour la domination technologique a façonné les politiques internationales et mis en évidence la nécessité d'une coopération mondiale pour faire face aux implications éthiques et sociétales des progrès de l'IA.

Les effets de l'IA sur la vie quotidienne, qui deviennent aujourd'hui plus apparents, trouvent leur origine dans des décennies de recherche et de développement inébranlables. L'aisance avec laquelle nous utilisons l'IA dans les domaines de la santé, de l'éducation et des transports est le résultat cumulatif des efforts passés pour affiner la réactivité de l'IA aux besoins humains et aux contextes environnementaux. Cette évolution a constitué le fondement de notre relation actuelle entre l'homme et la machine—une interaction dynamique entre la confiance, la dépendance et l'innovation.

Alors que nous nous préparons à affronter le potentiel inexploité de l'IA, les réflexions sur notre relation historique avec la technologie nous servent de guide inestimable. Elles nous encouragent à être proactifs dans l'élaboration de réformes éducatives qui anticipent l'intégration de l'IA dans les différentes facettes de la vie. Notre volonté d'adopter l'IA dépend autant de notre compréhension de son histoire que de notre vision de l'avenir.

Les réflexions finales de cette section réitèrent l'importance de la conscience historique. Regarder le passé pour comprendre le présent est une étape nécessaire pour maîtriser le récit de l'IA. Il ne s'agit pas seulement de faire la chronique des événements marquants ou de reconnaître des modèles ; il s'agit de glaner des informations qui influencent nos stratégies actuelles et éclairent nos pas en avant dans l'avenir inconnu mais prometteur de l'intelligence artificielle.

Les réflexions finales de cette section réitèrent l'importance de la conscience historique pour comprendre le présent.

Chapitre 12 :
Perspectives : Le rôle de l'IA
dans notre monde futur

Alors que la tapisserie variée des sujets entourant l'intelligence artificielle a été méticuleusement explorée, de son évolution au rôle central qu'elle joue dans le façonnement de nos sociétés, nous tournons maintenant notre regard vers l'horizon avec "Perspectives : Le rôle de l'IA dans notre monde futur". Nous envisageons ici un avenir où l'IA est intimement liée, non pas comme une lointaine science-fiction, mais comme un chapitre imminent de l'histoire de l'humanité. Nous nous trouvons au seuil d'une transformation extraordinaire où l'IA pourrait soit déployer les voiles vers un avenir plus radieux, porteur d'innovations et de prospérité remarquables, soit nous plonger dans l'ombre de complexités et de défis inexplorés. Nos aspirations collectives doivent être tempérées par une gestion vigilante afin de garantir qu'en exploitant l'immense potentiel de l'IA, nous le fassions avec un engagement inébranlable à cultiver un monde égalitaire et durable. L'existence intégrée de l'homme et de l'IA appelle à la contemplation de chaque étape—qu'il s'agisse d'un développement nuancé, d'une réglementation radicale ou d'une interaction individualisée—en sachant que les choix d'aujourd'hui constituent les héritages de demain. Alors que nous nous embarquons dans ce voyage, ce ne sont pas seulement les capacités de l'IA qui détermineront notre destin mais, de manière cruciale, les valeurs et les intentions avec lesquelles nous guidons sa maturation.

Les prédictions à long terme

Alors que nous allons au-delà du présent, vers les vastes potentialités de l'avenir, l'intelligence artificielle (IA) se présente comme un phare du pouvoir de transformation. Les prédictions à long terme concernant l'IA touchent à tous les aspects de l'existence, depuis notre infrastructure mondiale jusqu'aux contours intimes de nos vies personnelles. D'ici quelques décennies peut-être, l'IA pourrait ne pas être simplement un outil que nous utilisons, mais un élément fondamental de l'évolution continue de l'humanité.

Visualisez une ère où des systèmes intelligents gèrent nos villes, faisant des embouteillages et du gaspillage d'énergie des problèmes du passé. Imaginez que l'IA surveille en permanence la santé des citoyens, en fournissant des diagnostics proactifs et des interventions médicales personnalisées, prolongeant la durée et la qualité de vie de l'homme de manière sans précédent.

Les algorithmes prédictifs pourraient évoluer vers une telle sophistication qu'ils pourraient anticiper les catastrophes naturelles avec une grande précision, ce qui nous permettrait d'atténuer, voire d'empêcher, les pertes humaines et matérielles. Ces systèmes d'IA pourraient constituer l'épine dorsale de stratégies efficaces de lutte contre le changement climatique, en optimisant l'utilisation des ressources et en guidant l'humanité vers un avenir durable.

Dans le domaine de l'éducation, il est prévu que l'apprentissage devienne hautement individualisé, avec des programmes adaptés au style et à la vitesse d'apprentissage de chaque élève. Grâce à l'IA, nous pouvons créer un monde où aucun enfant n'est laissé pour compte et où chaque personne a accès à toute la richesse du savoir humain, les IA éducatives jouant le rôle de mentors et de tuteurs personnels.

Le paysage économique est susceptible d'être révolutionné par l'innovation induite par l'IA. Nous prévoyons que les industries connaîtront une transformation rapide, à mesure que l'apprentissage automatique et la robotique progresseront pour exécuter des tâches avec une précision et une efficacité qui dépassent de loin les capacités humaines. Cela implique toutefois une lourde responsabilité : gérer la transition de la main-d'œuvre, en veillant à ce que les individus soient préparés aux nouveaux rôles dans une économie post-automatisation.

Sur le plan social, l'IA a le potentiel de combler les fossés culturels en veillant à ce que la langue ne soit plus un obstacle à la communication. La traduction en temps réel et la compréhension du contexte culturel pourraient favoriser le dialogue mondial, promouvoir la paix et la compréhension mutuelle à des échelles qui n'étaient auparavant qu'imaginées.

Pourtant, l'essor de l'IA n'est pas qu'une toile d'opportunités, elle comporte aussi des traits de prudence. Elle nécessite des garanties contre les armes autonomes et la prolifération d'outils de surveillance inquiétants. La conception éthique de l'IA devient primordiale, en veillant à ce que cette intelligence soit alignée sur les valeurs humaines et les objectifs bénéfiques.

Nous prévoyons un point d'inflexion potentiel où l'intelligence artificielle générale éclipsera les capacités cognitives de l'homme. Cette future IA pourrait se redessiner à un rythme exponentiel, d'une manière insondable pour ses créateurs, et donner naissance à une nouvelle ère de "superintelligence". C'est là que réside le plus grand défi : veiller à ce que ces entités respectent les normes de sécurité et d'éthique pour le bien de notre civilisation.

Lorsque l'IA imprègnera la créativité et les arts, de nouvelles formes d'expression émergeront. La créativité augmentée par l'IA pourrait déboucher sur un art, une musique, une littérature et un design qui transcendent tout ce qui a été créé jusqu'à présent par les seuls humains. L'exploration et la colonisation de l'espace pourraient également être à notre portée, les systèmes d'IA se chargeant des calculs complexes et des tâches autonomes associées aux voyages et à la vie interstellaires. Imaginez des colonies sur Mars, des vaisseaux spatiaux pilotés par l'IA et la recherche de vie extraterrestre menée non pas par des humains, mais par nos émissaires automatisés.

En considérant l'impact socio-économique, nous pouvons prévoir l'avènement d'une économie potentielle post-scarence. Ici, l'efficacité de l'IA en matière de production, de logistique et de gestion des ressources pourrait signifier que les besoins de base &mdash ; nourriture, logement, soins de santé &mdash ; sont satisfaits pour tous, libérant les humains pour poursuivre des activités plus créatives et épanouissantes.

À un niveau plus granulaire, au sein des ménages, les assistants domestiques omniprésents pourraient évoluer vers des centres de contrôle centralisés &mdash ; gérant tout, du divertissement et du confort à l'efficacité énergétique et à la sécurité. Le système judiciaire pourrait également s'appuyer sur l'IA pour rendre des verdicts plus justes, fondés sur des données, réduisant ainsi les préjugés humains qui ont longtemps pesé sur les procédures judiciaires. Cependant, cela alimenterait un débat intense sur la boussole morale de l'IA et le rôle de l'intuition humaine dans la gouvernance et la justice.

Alors que l'utilisation de l'IA devient de plus en plus imbriquée dans le tissu de la vie quotidienne, les effets psychologiques et sociologiques sur l'identité et les relations humaines devront être pris en compte. Une étude et une orientation minutieuses seront nécessaires pour s'adapter à un monde où l'IA ne remplit pas seulement des rôles fonctionnels, mais commence également à répondre à des besoins émotionnels et sociaux.

Enfin, les impacts spirituels et philosophiques de l'intelligence artificielle ne peuvent pas être ignorés. La question de savoir ce que signifie être humain à l'ère de l'IA sera au premier plan du discours sociétal. La prédiction à long terme la plus profonde concernant l'IA ne réside peut-être pas dans les changements externes qu'elle apporte, mais dans la réflexion interne de notre espèce alors que nous cheminons ensemble avec cette technologie extraordinaire vers l'inconnu. Alors que nous façonnons l'avenir de l'IA, celle-ci nous façonne également &mdash ; ce qui nous incite à une évolution continue de notre compréhension, de notre éthique et de nos aspirations communes.

Scénarios utopiques et dystopiques

Après avoir parcouru les fondements, les impacts, les préoccupations éthiques et l'intégration de l'intelligence artificielle (IA) dans nos sociétés, il devient essentiel de discuter de la dichotomie des futurs potentiels que l'IA pourrait annoncer. Les visions de l'utopie et de la dystopie servent de récits puissants pour explorer la manière dont l'IA pourrait mener l'humanité, en présentant des résultats contrastés teintés d'espoir et de prudence. En examinant ces scénarios, nous soulignons l'équilibre délicat entre les aspirations optimistes et les conséquences plus sombres et involontaires qui pourraient découler de l'évolution de la technologie.

Dans un scénario utopique, l'IA devient une force pour le bien sans équivoque, remplissant sa promesse d'augmenter les capacités humaines et de relever certains des défis les plus urgents auxquels la société est confrontée. Imaginez un monde où les machines intelligentes sont intégrées dans la vie quotidienne de manière si transparente qu'elles améliorent chaque aspect de notre existence. La maladie et la mauvaise santé deviennent des reliques du passé, grâce aux capacités prédictives de l'IA et à la médecine personnalisée. La propension de l'IA à analyser les données et à résoudre les problèmes pourrait contribuer de manière significative à la lutte contre le changement climatique, les systèmes intelligents optimisant l'utilisation de l'énergie, réduisant les déchets et proposant des solutions innovantes pour un mode de vie durable. Nos espaces urbains pourraient se transformer grâce à des infrastructures intelligentes, adaptables et efficaces, qui réduiraient les embouteillages et la pollution et offriraient des espaces verts entretenus par la précision des machines. Dans le domaine de l'éducation, des assistants d'apprentissage personnalisés pourraient répondre aux besoins et au rythme uniques de chaque élève, démocratisant ainsi l'accès à la connaissance et aux opportunités.

Cependant, ces perspectives radieuses ne sont pas sans ombres. Le contraste avec ces applications éclairées se trouve dans les récits dystopiques, où le potentiel de l'IA est détourné ou va de travers. Dans les visions dystopiques, l'IA conduit à une surveillance sans précédent, à la perte de la vie privée et à l'érosion des libertés individuelles. L'intelligence autonome pourrait devenir si omniprésente qu'elle conduirait à une perte d'action humaine, les algorithmes dictant les choix et les orientations de nos vies.

Un monde dystopique pourrait voir de vastes pans de la population rendus superflus par l'automatisation intelligente, exacerbant les fractures économiques et conduisant à des troubles sociaux. Face aux préoccupations liées au déplacement des emplois que nous avons évoquées précédemment, une dystopie apparaît comme un avertissement d'une société qui n'a pas su s'adapter, se recycler et intégrer sa main-d'œuvre humaine aux côtés de ses collègues de l'IA. En outre, l'IA non contrôlée pourrait perpétuer et amplifier les préjugés existants, créant un monde qui enracine les inégalités au lieu de les démanteler.

La militarisation potentielle de l'IA dans la guerre confère une autre facette alarmante aux avenirs dystopiques. Les armes autonomes et les capacités de cyberguerre alimentées par l'IA menacent l'équilibre mondial et pourraient conduire à des conflits plus rapides, plus imprévisibles et plus dévastateurs que jamais. Les conséquences d'un

Lars Meyer

"emballement" de l'IA—un système qui évolue au-delà de notre contrôle et de notre compréhension—posent des risques existentiels qui pourraient effectivement rendre l'humanité obsolète.

En naviguant entre ces résultats radicalement différents, le rôle de la politique et du déploiement éthique de l'IA devient crucial. L'élaboration de normes internationales, de réglementations et d'un cadre moral pour l'IA, comme nous l'avons vu précédemment, ne sont pas de simples exercices académiques, mais des étapes nécessaires pour orienter l'IA vers des objectifs bénéfiques. Garantir la transparence des systèmes d'IA et la responsabilité de leurs concepteurs signifie que les scénarios dystopiques sont reconnus et que des mesures sont en place pour les éviter.

Il est également essentiel de favoriser les dialogues sociétaux sur les implications de l'IA, en engendrant une culture où chaque percée est examinée non seulement pour ses mérites techniques, mais aussi pour son impact sociétal. Combler le fossé numérique, promouvoir l'acceptation sociale d'une IA bénéfique et résister à l'attrait d'une élite technocratique sont autant d'éléments essentiels à la réalisation d'une utopie plutôt que d'une dystopie.

La protection des données et de la vie privée ne peut pas être négligée dans ces discussions. Les données personnelles alimentent les moteurs de l'IA, notre vigilance à l'égard de ceux qui ont accès à ces données et à quelles fins détermine si l'IA est au service du plus grand nombre ou de quelques-uns. Il est essentiel de trouver un équilibre entre l'innovation et le droit à la vie privée pour construire un avenir utopique de l'IA qui respecte l'autonomie individuelle et le bien-être collectif.

La vision utopique se concentre sur le pouvoir de l'IA de favoriser l'innovation et la croissance économique, en créant de nouveaux marchés, de nouveaux produits et de nouveaux services. Elle permettrait un bond en avant de la créativité humaine et des efforts

148

intellectuels, démocratisant davantage les moyens de production et l'expression artistique. La propriété intellectuelle devrait évoluer pour reconnaître ce nouvel espace de collaboration entre l'homme et la machine.

Dans les domaines de la santé, de l'éducation et des transports—domaines dans lesquels l'IA fait déjà des percées significatives—le potentiel utopique est énorme. L'IA pourrait nous aider à comprendre des systèmes biologiques complexes, ce qui se traduirait par de meilleurs résultats en matière de santé et des systèmes éducatifs plus efficaces, adaptés aux styles d'apprentissage individuels, tandis que les systèmes de transport pourraient évoluer pour devenir plus sûrs, plus propres et plus accessibles à tous.

La nature collaborative des relations entre l'homme et l'IA est une pièce maîtresse des avenirs utopiques et dystopiques. Nous devons nous efforcer de concevoir une IA qui améliore les capacités humaines plutôt que de les remplacer, en nous concentrant sur des principes de conception éthiques qui placent le bien-être à long terme de l'humanité au premier plan. C'est dans ces choix que nous trouvons les germes de l'utopie, en favorisant un monde où l'IA est un partenaire dans notre voyage collectif vers une société plus équitable et plus éclairée.

Dans l'équilibre de ces scénarios, se préparer à l'avenir de l'IA prend une importance accrue. Il ne suffit pas de comprendre et d'innover ; nous devons également éduquer, adapter et anticiper les besoins des générations futures. Les stratégies de préparation des gouvernements, des entreprises et des individus seront les instruments avec lesquels nous calibrerons notre trajectoire vers l'utopie et loin de la dystopie.

Ainsi, alors que nous nous rapprochons des réflexions finales de ce traité, il est clair que le voyage vers l'intégration de l'IA dans notre monde est plein de choix monumentaux. Les scénarios utopiques et dystopiques servent de balises, éclairant le chemin à parcourir et exigeant notre vigilance, notre créativité et notre détermination éthique. En fin de compte, la destination—le rôle de l'IA dans notre monde futur—repose fermement entre nos mains. Alors que nous traçons cette voie durable, soyons toujours attentifs à l'héritage que nous souhaitons laisser et aux rêves que nous osons poursuivre.

Il n'y a pas d'autre choix que de s'engager dans cette voie.

Dessiner une voie durable

Face à des avancées technologiques sans précédent, en particulier dans le domaine de l'intelligence artificielle, la question pressante demeure : comment pouvons-nous tirer parti de l'IA de manière durable pour le bénéfice des générations futures ? Il est essentiel de comprendre que nos approches et nos décisions d'aujourd'hui façonneront de manière monumentale le monde de demain. La voie à suivre doit être tracée avec soin afin que l'IA ne devienne pas une source de fracture sociétale, mais une force unificatrice pour le bien-être mondial.

Construire un avenir durable avec l'IA commence par un fondement éthique. Comme nous l'avons expliqué dans les chapitres précédents, la moralité dans le déploiement de l'IA n'est pas simplement un idéal, mais une nécessité. Nous sommes appelés à concevoir des systèmes d'IA qui respectent les principes d'équité, d'impartialité et de justice. Ces principes doivent être profondément ancrés dans les algorithmes qui jouent de plus en plus un rôle central dans nos vies. La boussole morale qui guide l'IA doit être inébranlable et s'adapter à la diversité des besoins et des droits de l'homme.

Tout comme les écosystèmes s'épanouissent grâce à la biodiversité, il en va de même pour notre paysage technologique grâce à la diversité de l'IA – l'idée selon laquelle les systèmes d'IA devraient être aussi diversifiés que les populations qu'ils desservent. L'IA nous offre une plateforme pour célébrer les différences, en fournissant des expériences et des solutions personnalisées qui tiennent compte de la culture et de la dynamique des diverses communautés. Cette diversité dans la conception et la mise en œuvre de l'IA peut contribuer à combler le fossé numérique, à renforcer l'inclusion sociale et à élever les groupes défavorisés.

La collaboration entre les secteurs et les frontières est également essentielle. Nous avons vu l'IA agir comme un catalyseur d'innovation lorsque les entreprises et les startups unissent leurs efforts. Le même esprit de collaboration doit s'étendre aux pratiques durables. Les gouvernements, les universités, les acteurs de l'industrie et les sociétés civiles doivent établir des partenariats axés sur le développement durable de l'IA, accessible et bénéfique pour tous. Les outils et les cadres créés doivent être ouverts et adaptables, afin de promouvoir une croissance synergique de la technologie de l'IA et des pratiques de durabilité.

La transparence dans le développement et le déploiement des systèmes d'IA ne peut pas être sous-estimée. C'est la base sur laquelle se construit la confiance entre les humains et leurs homologues machines. En adoptant la transparence, nous nous engageons à créer une IA qui soit non seulement compréhensible, mais aussi responsable. Les processus de prise de décision doivent être clairs, permettant aux individus de jeter un coup d'œil dans la "boîte noire" de l'IA pour comprendre comment les choix sont faits en leur nom. Cette transparence contribue directement à créer une relation durable avec l'IA.

La gestion des données joue également un rôle essentiel dans l'IA durable. Les préoccupations en matière de protection de la vie privée et les mesures de protection ont été abordées précédemment et constituent l'épine dorsale de toute technologie axée sur les données. L'IA durable exige une application rigoureuse de ces protections, garantissant que les données personnelles ne sont pas simplement sécurisées aujourd'hui, mais que leur caractère sacré est préservé pour l'éternité. Il s'agit d'anticiper la mise en œuvre de protocoles qui perdureront au-delà des paysages technologiques actuels et assureront la protection de la vie privée dans un monde numérique en constante évolution.

Un aspect qui catalyse l'intégration durable de l'IA est l'éducation. En donnant aux individus les moyens d'acquérir des connaissances et des compétences, on leur permet de maîtriser l'influence de l'IA sur leur vie. Les systèmes éducatifs doivent suivre l'évolution de l'IA, en formant les esprits à comprendre, à innover et à appliquer l'intelligence artificielle de manière éthique. Cet aspect de la durabilité consiste à préparer tout le monde – pas seulement les adeptes de la technologie – à un avenir où l'IA est intrinsèque à chaque facette de la main-d'œuvre et de la société.

Toutefois, pour obtenir des effets positifs durables de l'IA, il faut également aborder la durabilité au sens de l'environnement. L'IA a le potentiel d'optimiser l'utilisation de l'énergie, de permettre une gestion plus intelligente des ressources et de contribuer de manière significative à la lutte contre le changement climatique. Il est temps de tirer parti de l'IA non seulement pour réduire l'empreinte carbone de nos technologies, mais aussi pour soutenir la recherche et les innovations visant à préserver notre planète.

L'accès à la technologie est un autre pilier d'un avenir durable pour l'IA. Si les progrès de l'IA ont été monumentaux, les disparités dans l'accès à ces technologies créent des inégalités qui peuvent exacerber les clivages socio-économiques actuels. Une voie durable garantit que chacun, indépendamment de sa situation géographique ou socio-économique, a accès aux outils d'IA qui peuvent améliorer la qualité de vie et favoriser les possibilités d'avancement.

Dans la nature cyclique de la croissance, la recherche et le développement propulsent les innovations en matière d'IA, mais c'est l'évaluation et l'amélioration constantes qui garantissent la durabilité. Les mécanismes de retour d'information et les évaluations d'impact devraient faire partie du cycle de vie de chaque système d'IA afin que la technologie reste réactive et adaptée aux besoins de la société. En constante évolution, l'IA peut être façonnée pour relever les défis de chaque époque sans perdre son objectif initial : servir l'humanité.

Les discussions autour de l'IA tournent souvent autour de la perte potentielle d'emplois et de la peur de l'insignifiance. Cependant, alors que nous nous engageons sur une voie durable, il est essentiel de souligner le rôle de l'IA dans la création d'emplois. L'amélioration des compétences de la main-d'œuvre pour les rôles améliorés par l'IA est une approche durable qui peut conduire à une économie riche en opportunités et en diversité dans les professions. Loin de rendre les humains obsolètes, un avenir durable de l'IA redéfinit le travail humain, en mettant l'accent sur la créativité, l'intelligence émotionnelle et les capacités de résolution de problèmes.

Enfin, l'intégration de l'IA dans les modèles de gouvernance joue un rôle important dans la durabilité. L'élaboration de politiques fondées sur l'analyse de l'IA à partir de données peut déboucher sur des solutions plus efficaces et de plus grande portée pour les questions sociales. En outre, la transparence, l'efficacité et la réactivité des services gouvernementaux peuvent être grandement améliorées par l'utilisation éthique de l'IA, en rapprochant la gouvernance des besoins et des valeurs des citoyens.

Alors que nous nous engageons dans ce voyage vers une ère d'IA durable, notre parcours collectif doit faire appel à la prévoyance, à la résilience et à l'adaptabilité. Les choix que nous faisons et les bases que nous posons se répercuteront sur plusieurs générations. Nous avons la possibilité de forger un héritage où l'IA ne sera pas le symbole d'une progression incontrôlée, mais un témoignage de l'innovation humaine guidée par une gestion consciencieuse. C'est une opportunité à saisir, en alimentant l'optimisme que l'humanité et l'IA peuvent cultiver ensemble un monde prospère, équitable et durable.

Alors que les grandes lignes de notre voie durable sont peintes avec optimisme, nous devons nous préparer à des défis inévitables. Comme dans toute entreprise de transformation, des obstacles surgiront—certains prévisibles, d'autres imprévus. C'est l'esprit de persévérance, associé à un engagement en faveur d'une pratique éthique et d'un apprentissage continu, qui nous permettra d'aller jusqu'au bout. Allons de l'avant avec la détermination de ne pas seulement rêver d'un avenir durable avec l'IA, mais de le construire activement, une décision éthique, une solution innovante, un esprit éduqué à la fois.

La progression vers une ère dominée par l'IA est à la fois pleine de promesses et de dangers. Tracer une voie durable n'est pas simplement une série de manœuvres techniques—c'est une approche holistique où la technologie s'harmonise avec l'éthique, l'éducation et la gestion de l'environnement. Notre avenir n'est pas écrit ; il est codé, programmé par les choix quotidiens que nous faisons en tant qu'individus et sociétés. Et avec chaque ligne de code, avec chaque initiative en matière d'IA, nous ouvrons la voie à un avenir qui correspond aux aspirations de l'esprit collectif de l'humanité.

La technologie n'est pas une fin en soi.

Conclusion

Alors que nous sommes à l'aube d'un avenir foisonnant d'intelligence artificielle, il est important de prendre un moment de réflexion. Tout au long de ce texte, nous avons voyagé de la naissance de l'IA à son infiltration dans tous les aspects de notre existence moderne. Nous avons vu l'IA comme un miroir, reflétant nos natures complexes—notre ingéniosité, notre ambition, et même nos folies. Nous sommes sur la voie d'une société de plus en plus intégrée à l'IA, et l'horizon s'illumine de possibilités.

La transition vers un monde piloté par l'IA ne se limite pas à l'adoption d'une nouvelle technologie—il s'agit d'un profond changement culturel. Nous avons examiné de près la manière dont l'IA remodèle la main-d'œuvre, suscitant à la fois de l'anxiété face aux suppressions d'emplois et de l'enthousiasme pour les nouvelles carrières. Nous avons été confrontés aux dilemmes éthiques qui surgissent lorsque les systèmes d'IA deviennent des arbitres dans des décisions cruciales, affectant tout, des soins de santé à la justice. Ces systèmes exigent une morale rigoureuse et un engagement inébranlable en faveur de l'équité et de la transparence.

L'intégration de l'IA dans la société s'est heurtée à des résistances et à des acceptations, mais il est essentiel de créer un environnement dans lequel les avantages de l'IA sont accessibles à tous. Cela nécessite des mesures actives pour empêcher l'aggravation de la fracture numérique et veiller à ce que l'IA serve de pont plutôt que de barrière.

La protection des données et de la vie privée est devenue une préoccupation majeure, le cryptage et l'anonymisation étant des outils essentiels dans la lutte pour la sécurité de notre moi numérique. Alors que l'IA continue d'analyser de vastes ensembles de données, notre approche des informations personnelles et collectives doit évoluer pour préserver l'intégrité des droits individuels.

La collaboration entre l'homme et l'IA peut conduire à l'augmentation de nos capacités humaines. Nous avons évoqué la possibilité pour l'IA de servir de partenaire éthique, en améliorant nos décisions plutôt qu'en les dictant. Les implications sociétales de ces partenariats ne peuvent être sous-estimées, car elles façonnent l'avenir non seulement du travail, mais aussi de l'identité humaine elle-même.

L'IA s'est révélée être un formidable catalyseur d'innovation dans tous les secteurs, nous incitant à explorer l'inconnu grâce à des applications révolutionnaires. Cette innovation ne se limite pas à résoudre les problèmes existants, mais nous propulse vers des territoires inexplorés où de nouveaux défis et de nouvelles opportunités nous attendent.

D'un point de vue mondial, l'IA est devenue un élément central des politiques internationales et des stratégies géopolitiques. Les pays se disputent la suprématie dans le développement de l'IA, soulignant la nécessité d'une approche internationale durable et coopérative pour exploiter le pouvoir de l'IA.

A un niveau plus personnel, les effets de l'IA sur la vie quotidienne sont omniprésents. De la santé aux transports, l'IA promet des expériences personnalisées, mais il est impératif que nous restions vigilants pour que ces progrès servent le bien commun. L'évolution de notre relation avec les machines témoigne de la capacité d'adaptation de l'humanité, mais cette même capacité d'adaptation doit être guidée par des considérations éthiques afin de préserver notre essence.

Quand les machines apprennent

La préparation à l'avenir de l'IA est une entreprise à multiples facettes, qui nécessite des changements dans l'éducation, des stratégies proactives de la part des gouvernements et un état d'esprit agile de la part des individus. Les changements prospectifs ne consistent pas seulement à réagir aux progrès de l'IA, mais à les anticiper et à les façonner de manière à les aligner sur nos valeurs humaines.

Notre résumé des principaux résultats a mis en évidence les grandes percées technologiques et les transformations sociétales, nous offrant une lentille pour regarder notre passé et notre présent, et pour glaner des leçons pour l'avenir. Si nous nous tournons vers l'avenir, il est clair que l'IA jouera un rôle central dans le façonnement de notre monde, d'une manière à la fois spectaculaire et subtile.

Les perspectives de l'IA sont une toile de prédictions qui vont des rêves utopiques aux avertissements dystopiques. Cependant, en agissant de manière informée et responsable, nous avons le pouvoir de tracer une voie durable dans laquelle l'IA sert de force de transformation positive.

Alors que nous clôturons ce récit sur l'intelligence artificielle, ne le considérons pas comme une fin mais comme un commencement. Une base a été posée, sur laquelle nous devons continuer à construire et à nous adapter. La véritable maîtrise de notre voyage avec l'IA ne se trouvera pas dans les machines que nous construirons, mais dans la sagesse avec laquelle nous les guiderons. C'est à nous—en tant que technologues, décideurs politiques et citoyens—de veiller à ce que l'évolution de l'IA reflète le meilleur de l'humanité.

Au fil des chapitres de ce livre, nous avons rassemblé les connaissances nécessaires pour aborder l'IA avec perspicacité et clairvoyance. Le chemin à parcourir est un chemin que nous devons emprunter collectivement, avec un engagement inébranlable en faveur de l'équité, de la créativité et de l'intégrité. Soyons proactifs dans nos

Lars Meyer

stratégies, critiques dans nos analyses et imaginatifs dans nos visions d'un avenir enrichi par l'IA.

Dans la tapisserie des entreprises humaines, l'intelligence artificielle est un fil vibrant, entrelacé dans le tissu de nos vies. Grâce à une gestion consciencieuse et à une innovation audacieuse, nous pouvons tisser un avenir où l'IA ne se contentera pas de propulser notre progrès, mais élèvera notre humanité.

Glossaire
des termes importants de l'IA

Au fil des chapitres précédents, nous avons exploré les multiples facettes du monde de l'intelligence artificielle (IA) et il est clair que cette technologie façonne notre avenir à plus d'un titre. Pour vous permettre de bien comprendre les termes clés utilisés dans cet ouvrage, nous avons compilé un glossaire des termes importants relatifs à l'IA. Considérez-le comme un outil destiné à consolider votre compréhension et à vous permettre de discuter de l'IA en toute confiance.

Algorithme

Un algorithme est un ensemble de règles ou d'instructions données à un programme d'IA pour l'aider à apprendre et à prendre des décisions. Voyez-le comme une recette que l'IA suit pour traiter les données et obtenir le résultat que vous recherchez.

Intelligence générale artificielle (AGI)

L'AGI est la capacité théorique d'une IA à comprendre, apprendre et appliquer son intelligence pour résoudre n'importe quel problème de la même manière qu'un humain peut le faire. Ce niveau de flexibilité cognitive n'est pas encore une réalité, mais c'est un horizon vers lequel nous nous dirigeons.

Réseaux neuronaux artificiels (RNA)

Selon le modèle du cerveau humain, les RNA sont constitués de couches interconnectées de nœuds - ou "neurones" - qui traitent les informations en réagissant à des entrées externes, et sont potentiellement capables d'apprentissage automatique et de reconnaissance des formes.

Big Data

Les big data font référence à des ensembles de données extrêmement volumineux qui peuvent être analysés informatiquement pour révéler des modèles, des tendances et des associations, en particulier en ce qui concerne le comportement humain et les interactions.

Informatique cognitive

Les systèmes d'informatique cognitive simulent les processus de pensée humaine dans un modèle informatisé, en utilisant des algorithmes d'auto-apprentissage qui intègrent l'exploration de données, la reconnaissance des formes et le traitement du langage naturel.

Data Mining

C'est la pratique qui consiste à examiner de grandes bases de données préexistantes afin de générer de nouvelles informations. Il s'agit essentiellement de creuser dans les données pour trouver de l'or—des informations précieuses et exploitables.

Deep Learning

Sous-ensemble de l'apprentissage automatique, l'apprentissage profond utilise des couches de réseaux neuronaux pour analyser divers facteurs de données. C'est ce qui permet aux systèmes d'IA de reconnaître votre voix ou le visage d'une personne sur une photo.

Machine Learning (ML)

Sous-ensemble de l'IA visant à donner aux machines la capacité de s'améliorer dans l'exécution de tâches avec l'expérience, l'apprentissage automatique change incontestablement la donne, en rendant l'IA non seulement réactive, mais aussi proactive.

Natural Language Processing (NLP)

Le NLP est la technologie utilisée pour aider les ordinateurs à comprendre, à interpréter et à manipuler le langage humain. Des GPS à commande vocale aux assistants numériques, le NLP est le pont entre la communication humaine et la compréhension par la machine.

Réseau neuronal

Voir Réseaux neuronaux artificiels (RNA).

Apprentissage par renforcement

Imaginez un système qui apprend par la pratique, par essais et erreurs, et par des récompenses. C'est l'apprentissage par renforcement, un outil puissant pour enseigner aux systèmes d'IA à naviguer dans des environnements complexes avec un minimum d'instructions.

Apprentissage supervisé

L'apprentissage supervisé consiste à enseigner à un système d'IA par l'exemple. Le système apprend grâce à un ensemble de données de formation dont les entrées sont associées à des sorties correctes, et il applique cette logique apprise à de nouvelles données.

Apprentissage non supervisé

L'apprentissage non supervisé permet aux systèmes d'IA d'identifier des schémas et des relations dans des ensembles de données sans instructions explicites. Ils ne reçoivent pas les "bonnes réponses" et doivent donner un sens aux données par eux-mêmes.

Chacun de ces termes joue un rôle essentiel dans les conversations sur l'IA et les développements dans ce domaine. En vous familiarisant avec ce vocabulaire, vous faites un pas important vers une compréhension plus nuancée des promesses et des défis de l'IA. Adoptez ces concepts et laissez-les devenir les tremplins d'un avenir où l'IA et l'humanité évolueront en synergie.

Annexe A :
Ressources supplémentaires
et lectures complémentaires

Le voyage vers la compréhension du monde à multiples facettes de l'intelligence artificielle (IA) est en constante évolution. Au fur et à mesure que les chapitres de ce livre se sont déroulés, ils ont donné naissance à un paysage dans lequel l'autonomisation par la connaissance devient un atout essentiel dans la gestion des complexités et du vaste potentiel de l'IA. Afin de compléter les connaissances présentées et d'étancher la soif d'une exploration plus approfondie, nous présentons un ensemble de ressources supplémentaires et de lectures complémentaires. Ces ressources ont été soigneusement sélectionnées pour améliorer votre compréhension et continuer à attiser votre curiosité et votre engagement envers l'IA.

Livres et publications

Life 3.0 : Being Human in the Age of Artificial Intelligence par Max Tegmark – Un regard profond sur l'avenir de la vie humaine avec l'IA et son impact universel sur notre existence.

The Road to Conscious Machines par Michael Wooldridge – Une exploration de l'histoire de l'IA et une prévision de son avenir, démystifiant les mythes entourant l'IA et reconnaissant ses limites.

Superintelligence : Paths, Dangers, Strategies par Nick Bostrom – Un examen critique des risques et des questions éthiques qui se posent à mesure que l'IA progresse.

Journaux universitaires

Pour ceux qui souhaitent se tenir au courant des recherches universitaires et des réflexions théoriques dans le domaine de l'IA, les journaux universitaires suivants sont essentiels:

Artificial Intelligence – Un journal qui présente un large éventail de recherches dans le domaine de l'IA, en se concentrant sur la théorie et les principes fondamentaux qui sous-tendent les applications de l'IA.

Journal of Artificial Intelligence Research – Cette ressource présente des articles en libre accès sur la recherche en IA, offrant des études complètes qui couvrent différents domaines.

IEEE Transactions on Artificial Intelligence – Une publication réputée qui couvre les dernières découvertes et les avancées technologiques en matière d'IA et de robotique.

Ressources en ligne

Le paysage numérique étant à portée de main, une multitude d'informations et de plateformes d'apprentissage sont disponibles:

ArXiv – Un service de distribution gratuit et des archives pour les articles scientifiques dans les domaines de la physique, des mathématiques, de l'informatique, de la biologie quantitative, de la finance quantitative, des statistiques, de l'ingénierie électrique et de la science des systèmes, ainsi que de l'économie.

MIT OpenCourseWare – offre des notes de cours, des examens et des vidéos gratuits du MIT. Aucune inscription n'est requise.

Coursera et **edX** – plateformes en ligne proposant des cours d'universités du monde entier, dont beaucoup couvrent des sujets pertinents pour l'IA, ses implications et les considérations éthiques.

Ces ressources peuvent offrir des perspectives nuancées et des connaissances actualisées qui compléteront certainement la compréhension fondamentale favorisée par les chapitres de ce livre. Alors que l'IA continue de s'intégrer dans le tissu de notre société, se tenir informé par le biais de sources diverses et fiables devient un effort significatif. Cela favorise des conversations cultivées, des décisions éclairées et ouvre la voie à un développement et à une utilisation responsables des technologies de l'IA.

Puisse votre quête de sagesse être aussi enrichissante qu'éclairante, vous amenant à devenir non pas un simple spectateur mais un participant actif dans le récit de l'IA qui façonnera notre monde pour les générations à venir.

Les chapitres de ce livre ont été rédigés en anglais, en français et en espagnol.

Chapitre 13 :
Remerciements

Le voyage à travers le paysage de l'intelligence artificielle, tel qu'il est décrit dans ce livre, n'a pas été effectué seul. La création de ce tome complet est le résultat d'un effort unifié—un effort qui implique le dévouement et l'assistance d'une constellation d'individus et d'institutions dont les contributions ont été inestimables. Ce chapitre est consacré à l'expression de la gratitude de chacun de ceux qui ont rendu cette entreprise non seulement possible, mais également couronnée de succès.

Il me faut tout d'abord exprimer mes profonds remerciements à la communauté universitaire, qui a fourni le terrain fertile sur lequel les graines de ce travail ont pu germer. Les universitaires, les chercheurs et les éducateurs ont collectivement jeté les bases de leur travail minutieux sur l'intelligence artificielle, qui a alimenté les discussions et les analyses contenues dans ces pages. Je tiens également à remercier chaleureusement les praticiens et les experts de l'intelligence artificielle qui ont généreusement donné de leur temps pour partager leurs idées et leurs points de vue. Vos expériences en première ligne ont ajouté de la couleur et de la clarté au récit, garantissant que le livre est plein de pertinence et de crédibilité dans le monde réel.

Une reconnaissance particulière va aux experts en éthique et aux philosophes qui ont agrémenté nos discussions de leurs considérations réfléchies. Le paysage éthique de l'IA est plein de complexités, et vos conseils nous ont aidés à naviguer dans ces zones grises avec sensibilité et intelligence.

La contribution des leaders de l'industrie et des innovateurs a également été déterminante. J'apprécie les dialogues francs sur l'impact de l'IA sur les entreprises, la société et la scène mondiale. Vos attitudes avant-gardistes et votre esprit d'entreprise ont été une source d'inspiration et d'études de cas illustratives qui enrichissent le contenu.

Partenaires et collaborateurs technologiques, vous avez fourni les plateformes et les outils qui ont facilité la recherche et l'exécution de ce projet. Vos produits et services ont fait partie intégrante de la modélisation et de la simulation qui ont permis de concrétiser les concepts abordés.

L'équipe de rédaction technique mérite une salve d'applaudissements. Votre œil avisé et votre souci du détail ont permis de produire un ouvrage qui n'est pas seulement instructif, mais aussi agréable à lire. Chaque ligne, graphique et diagramme a été examiné de près pour répondre aux normes les plus élevées d'excellence académique et littéraire.

À l'équipe de conception et de mise en page, qui a travaillé en coulisses pour créer un livre visuellement attrayant, votre expertise a eu un impact significatif. La capacité des lecteurs à naviguer et à assimiler des informations complexes a été grandement améliorée par votre présentation créative et habile.

Je tiens à exprimer ma profonde gratitude à ma famille et à mes amis, dont le soutien a été inébranlable tout au long de ce projet. Pendant les longues périodes de rédaction et de révision, vos encouragements et votre compréhension ont été des sources de force et de motivation.

Je dois également remercier les héros méconnus de cette aventure—les bibliothécaires, les analystes de données et le personnel d'assistance. Vous avez fourni les sauvegardes nécessaires, veillant à ce que toutes les données et études de cas utilisées soient exactes et pertinentes. Vos efforts ne sont peut-être pas toujours sous les feux de la rampe, mais ils ont été essentiels à l'intégrité de l'ouvrage.

Merci aux sujets et aux machines d'IA eux-mêmes, qui ont contribué directement et indirectement à ce travail. Que ce soit en fournissant des données ou en démontrant ses capacités, l'IA a en effet écrit une partie de sa propre histoire.

Et, bien sûr, nous exprimons notre immense gratitude aux lecteurs qui se sont engagés, et s'engageront, dans ce texte. C'est pour vous que ce livre a été conçu et écrit—votre curiosité, votre soif de connaissances et votre volonté de vous engager dans les complexités de l'IA sont ce qui donne à ce travail un but et un sens.

À ceux qui, dans les sphères du gouvernement et de l'élaboration des politiques, ont fourni des aperçus sur la réglementation et les impacts sociétaux, vos perspectives étaient essentielles. L'équilibre entre l'innovation et la nécessité de contraintes éthiques est une discussion essentielle, que ce livre vise à faire progresser dans le discours public et privé.

Enfin, mes remerciements les plus sincères vont à toutes les personnes qui, de diverses manières, ont contribué aux discussions autour de l'Intelligence Artificielle. Qu'il s'agisse d'interlocuteurs occasionnels ou de participants dévoués aux forums, chaque opinion et question que vous avez soulevée a contribué à façonner le contenu, garantissant sa pertinence et son accessibilité.

L'intelligence artificielle n'est pas seulement une question de technologie ; il s'agit d'une communauté—une communauté en pleine croissance qui accepte le changement, reconnaît les défis et travaille sans relâche vers un avenir où l'IA et les humains coexistent de manière synergique. C'est à cette communauté dynamique et en constante évolution que ce livre appartient en fin de compte, et c'est à elle que s'adressent ces derniers mots de remerciement. Merci d'avoir fait partie intégrante de ce voyage et d'avoir contribué à façonner le monde alors que nous naviguons ensemble sur le territoire de l'intelligence artificielle.

www.ingramcontent.com/pod-product-compliance
Lightning Source LLC
Chambersburg PA
CBHW051240050326
40689CB00007B/1014